刘世章 / 编著

After Effects 2022

特效合成 | 完全实战 技术手册

清华大学出版社
北京

内 容 简 介

本书是一本After Effects 2022完全学习手册，深入讲解了After Effects 2022的基本操作与影视后期特效的制作技巧。

本书共15章，第1章～第11章是基础功能讲解部分，依次介绍了After Effects的基础运行环境、新增特性、工作界面、素材管理与后期操作流程、图层的创建与编辑、文字特效技术、调色技法、抠像特效应用、蒙版动画技术、光效技术应用、效果的编辑与应用、三维空间效果、声音的导入与特效编辑、第三方插件应用等内容；第12章～第15章为行业应用案例，综合演练前面所学的知识，积累影视特效制作经验。

本书内容丰富，结构清晰，技术参考性强，非常适合喜爱影视特效制作的初中级读者作为自学参考书，也可以作为影视后期处理人员、影视动画制作人员的辅助工具书，还可以作为相关院校及培训机构的教材使用。

图书在版编目（CIP）数据

After Effects 2022特效合成完全实战技术手册 / 刘世章编著. -- 北京：清华大学出版社，2023.7

ISBN 978-7-302-64128-5

Ⅰ.①A… Ⅱ.①刘… Ⅲ.①图像处理软件 Ⅳ.①TP391.413

中国国家版本馆CIP数据核字(2023)第129543号

责任编辑：陈绿春
封面设计：潘国文
责任校对：徐俊伟
责任印制：沈　露

出版发行：清华大学出版社
　　　　网　　　址：http://www.tup.com.cn，http://www.wqbook.com
　　　　地　　　址：北京清华大学学研大厦A座　　邮　　编：100084
　　　　社 总 机：010-83470000　　　　邮　　购：010-62786544
　　　　投稿与读者服务：010-62776969，c-service@tup.tsinghua.edu.cn
　　　　质量反馈：010-62772015，zhiliang@tup.tsinghua.edu.cn
印 装 者：三河市君旺印务有限公司
经　　销：全国新华书店
开　　本：188mm×260mm　　　　印　　张：19.5　　　字　　数：608千字
版　　次：2023年9月第1版　　　　　　　　　　　印　　次：2023年9月第1次印刷
定　　价：108.00元

产品编号：093131-01

前　言

After Effects 简称 AE，是 Adobe 公司推出的一款图形视频处理软件，也是目前主流的影视后期合成软件之一。它主要应用于影视后期特效行业、影视动画、企业宣传片、产品宣传、电视栏目及频道包装、建筑动画与城市宣传片等领域，能够与多种二维和三维软件进行兼容与互通。在众多的影视后期制作软件中，After Effects 以其丰富的特效、强大的影视后期处理功能和良好的兼容性占据着影视后期软件的主力地位。

1. 本书内容安排

本书是一本详解 After Effects 2022 软件的完全学习手册，语言通俗易懂，内容循序渐进，以全面细致的知识结构和经典实用的实战案例，帮助读者轻松掌握软件的使用技巧和具体应用方法，带领读者由浅入深、由理论到实战、一步一步地领略 After Effects 2022 软件的强大功能。

本书主要讲解了 After Effects 2022 的各项功能，全书共分为 15 章，第 1 章讲述了影视后期特效的基本概念和应用领域、After Effects 2022 软件的运行环境和新增特性、After Effects 2022 的界面、置入素材及操作流程；第 2 章主要讲解了图层的创建与编辑技巧；第 3 章主要讲解了 After Effects 2022 的文字特效技术；第 4 章和第 5 章讲解了 After Effects 2022 中的调色技法和抠像特效应用；第 6 章和第 7 章讲解了蒙版动画技术和光效技术的应用；第 8 章讲解了效果的编辑与应用方法；第 9 章~第 11 章讲解了 After Effects 2022 中的三维空间效果、声音的导入与特效编辑，以及第三方插件的应用方法；第 12 章~第 15 章详细讲解了广告动画、环保宣传 MG 动画、栏目包装和城市宣传片片头四个实战案例的制作流程。

2. 本书编写特色

总的来说，本书具有以下特色：

实用性强 针对面广	本书采用"理论知识讲解+实例应用讲解"的形式进行教学，内容有基础型和实战型，有浅有深，方便不同层次的读者进行选择性学习，无论是初学者还是中级读者，都有可以学习的内容
知识全面 融会贯通	本书从软件操作基础、视频特效制作、音频编辑添加到影片渲染输出，全面讲解了视频特效制作的全部过程。通过40多个具体应用实例和四大经典实战案例让读者事半功倍地学习，并掌握After Effects 2022的应用方法和项目制作思路
由易到难 由浅入深	本书在内容安排上采用循序渐进的方式，由易到难、由浅入深，所有实例的操作步骤清晰、简明、通俗易懂，非常适合初中级读者使用
视频教学 轻松学习	本书实例步骤清晰，层次分明。配套资源中提供了160多分钟的高清语音视频教学，可以在家享受专家课堂式的讲解，成倍提高学习兴趣和效率

3. 作者信息及配套资源下载

本书由电子科技大学成都学院刘世章编著。本书的相关教学视频和配套素材请用微信扫描下面的二维码进行下载。如果在配套资源的下载过程中碰到问题，请联系陈老师，联系邮箱 chenlch@tup.tsinghua.edu.cn。如果碰到技术性问题，请用微信扫描下面的二维码，联系相关技术人员解决。

视频教学   配套素材   技术支持

编者

2023 年 8 月

目　录

第1章
走进After Effects

影视特效是一门艺术，也是一门学科。随着影视业的迅速发展，影视特效不仅在电影中被广泛应用，在电视广告中也越来越多地出现。现在，影视特效已经融入人们生活中的各个角落，无论是在公交车、超市、商场、广场，还是在电影院，只要有显示屏的地方都能看到影视特效的身影，这无形之中给人们带来了丰富的视觉享受，而制作影视特效一般都会使用 After Effect 软件，本章主要介绍 After Effects 2022 的工作界面、素材管理及后期的基本操作流程。熟悉了解这些内容可以有效提升软件操作的熟练程度，为后面深入学习打下坚实的基础。

1.1 影视后期特效概述

影视后期制作经历了线性编辑向非线性编辑的跨越之后，数字技术全面应用于影视后期制作的全过程，并且广泛应用于影视片头制作、影视特技制作和影视包装制作领域。

1.1.1 影视后期特效的基本概念

影视后期特效简称"影视特技"，指针对现实生活中不可能实现或难以完成的拍摄任务，用计算机或图形工作站对其进行数字化处理，从而达到预想的视觉效果。

1.1.2 影视后期特效行业应用

影视后期特效的应用领域主要包括以下几个方面。

1．电影特效

所谓的"电影特效"是指在电影拍摄及后期处理中，为了实现难以实拍的画面，而采用的特殊处理手段。目前，电影特效在计算机的帮助下有了很大的发展。采用计算机强大的制作能力，实现了许多天马行空，曾经不敢想象的影视画面，从《星球大战》到《哈利·波特》，再到《阿凡达》等，特效的应用极为广泛，如图 1-1 和图 1-2 所示。

2．影视动画

影视后期特效在影视动画领域中的应用也比较普遍，目前的一些三维动画或二维动画在制作出来后，都需要加入一些后期特效，这些特效的加入可以起到渲染动画场景或气氛，增强动画的表现力度，提高动画品质的作用，如图 1-3 和图 1-4 所示。

图1-1

图1-2

3．企业宣传片

企业宣传片是宣传企业形象的方式之一，它能生动地介绍企业的文化和发展状况，有效地提升企业形象和知名度，帮助企业实现更长远的发展目标。企业宣传片也是在前期拍摄好的视频上加入一定的影视后期特效，使企业宣传片看起来更为精彩、厚重，更能吸引客户的注意力。影视后期特效在企业宣传片中的应用，如图1-5和图1-6所示。

图1-3

图1-4

图1-5

图1-6

4．产品宣传片

产品宣传片是企业自主投资制作，主观介绍自有企业主营产品的专题片。很多产品宣传片都需要大量的影视特效进行包装，以使产品绚丽夺目，提高消费者的购买欲望，如图1-7和图1-8所示。

图1-7

图1-8

5．电视栏目及频道包装

"栏目包装"目前已成为电视台和各电视节目公司、广告公司最常用的技术手段之一。包装是电视媒体自身发展的需要，是电视节目、栏目、频道成熟、稳定的一个标志，影视特效在电视栏目及频道包装中起到至关重要的作用，影视特效运用得越精彩，节目或频道越有可视性，收视率就越高。影视特效在电视栏目及频道包装中的应用效果如图1-9和图1-10所示。

图1-9

图1-10

6．建筑动画与城市宣传片

建筑动画与城市宣传片可以用来宣传楼盘和城市建筑，同时向大众展示城市魅力，提高城市知名度。它们一般以三维动画的形式展示给观众，通过3D建模、材质、灯光、动画和渲染等一系列的三维制作技术，然后再输出为影视后期特效素材进行后期合成，影视后期特效已经成为建筑动画与城市宣传片制作中不可或缺的一部分，对于提升建筑或城市形象，增强动画宣传力度起到至关重要的作用，如图1-11和图1-12所示。

图1-11

图1-12

1.2 初识After Effects 2022

After Effects是Adobe公司推出的一款视频后期处理软件，它以其强大的影视后期特效制作功能而著称，经过不断的软件更新与升级，目前的最新版本为After Effects 2022。

1.2.1 After Effects 2022 运行环境

1．Windows系统的运行要求

※ 处理器：带有64位支持的Intel或者AMD 4核处理器（建议配备8核或以上处理器，以用于多帧渲染）。

※ 操作系统：Microsoft Windows 10（64位）版本1909及更高版本。

※ RAM：至少16GB，建议32GB。

※ GPU：2GB GPU VRAM。

※ 硬盘空间：15GB可用硬盘空间；安装过程中需要额外可用空间（无法安装在可移动闪存设备上）。

※ 显示器分辨率：1920像素×1080像素或更高分辨率的显示器。

※ 互联网：必须具备互联网连接并完成注册，才能激活软件、验证订阅和访问在线服务。

> 注意：Adobe强烈建议在使用After Effects时，将Nvidia驱动程序更新到472.12或更高版本。更早版本的驱动程序存在一个已知问题，可能会导致软件崩溃。

2．macOS系统的运行要求

※ 处理器：支持Intel、原生Apple Silicon、Rosetta2的4核处理器（建议配备8核或以上处理器，以用于多帧渲染）。

※ 操作系统：macOS版本或macOS Big Sur（11.*）、macOS Monterey（12.*）。

※ RAM：至少16GB RAM，建议32GB。

※ GPU：2GB GPU VRAM（Draft 3D需要与Apple Metal 2兼容的独立GPU）。

※ 硬盘空间：15GB可用硬盘空间用于安装，在安装过程中需要额外的可用空间（不能安装在使用区分大小写的文件系统的卷上或可移动闪存设备上），建议用于磁盘缓存的额外磁盘空间大于64GB。

※ 分辨率：1440像素×900像素或更高分辨率的显示器。

※ 互联网：必须具备互联网连接并完成注册，才能激活软件、验证订阅和访问在线服务。

1.2.2 After Effects 2022 新增特性

After Effects 2022新增特性如下。

※ 分离维度首选项：在默认情况下，可以使用"首选项"复选框，在时间轴中分离位置属性的维度。这样可以节省动画

制作的时间，并且可以清晰地单独控制X和Y轴。

※ 3D 拓展查看器：可以将合成视图扩展到帧边缘以外，以便更轻松地浏览草图 3D 空间，并查看合成区域外的内容。

※ 场景编辑检测：由 Adobe Sensei 提供支持，可以自动检测编辑后的剪辑中的场景变化，并将场景置为单独图层或在编辑点创建标记，以加快项目的设置速度。

※ Frame.io 集成：Frame.io 已内置于 After Effects 和 Premiere Pro 中，适用于 Creative Cloud 的 Frame.io 为用户提供实时审阅和审批，以及云媒体共享功能。

※ 受限形状：按住 Shift 键并双击"矩形"工具或"椭圆"工具，即可创建完全居中的方形和圆形。

※ 适用于 3D 图层的组合指示器：新的 3D 组合指示器提供了一种直观的视图，显示了 After Effects 如何将 2D 和 3D 图层合成到一个合成中。

※ 多帧渲染：通过在预览渲染时充分利用系统 CPU 内核的强大功能，加速用户的操作过程，After Effects 会自动调整资源使用情况，以在用户的设备上尽快渲染作品。

1.3 After Effects工作界面

首次启动 After Effects 2022，显示的是标准工作界面，该界面包括菜单栏及集成的窗口和面板，如图 1-13 所示。

图1-13

1.3.1 项目面板

"项目"面板主要用来管理素材与合成，在"项目"面板中可以查看到每个合成或素材的尺寸、持续时间和帧速率等信息，After Effects 的"项目"面板如图 1-14 所示。

图1-14

"项目"面板中主要按钮的功能如下。

※ 解释素材 ：用于设置选择素材的透明通道、帧速率、上下场、像素以及循环次数。

※ 新建文件夹 ：单击该按钮，可以在"项目"面板中新建一个文件夹。

※ 新建合成 ：单击该按钮，可以在"项目"面板中新建一个合成。

※ 删除所选项目项 ：单击该按钮，可以将"项目"面板中选中的素材或合成删除。

※ 项目设置 ：单击该按钮，可以调整项目的渲染设置。

※ 颜色深度 8 bpc ：单击该按钮，可以调整项目的颜色深度，按 Alt 键并单击可循环查看项目的颜色深度。

1.3.2 合成面板

"合成"面板是用来预览当前效果或最终效果的面板，在该面板中可以预览编辑时的每一帧效果，同时可以调节画面的显示质量，合成效果可以分通道显示各种标尺、栅格线和辅助线，如图 1-15 所示。

图1-15

"合成"面板中主要按钮的功能如下。

※ ▤：单击该按钮，可以打开面板菜单，在弹出的菜单中可以对"合成"面板进行关闭、浮动、最大化、视图选项设置等操作。

※ 25% ：放大率菜单。用于设置显示区域的缩放比例，如果选中"适合"选项，无论如何调整面板的大小，面板内的视图都将自动适配画面的大小。

※ 完整：分辨率/向下采样系数菜单。设置预览分辨率，用户可以通过自定义命令来设置预览分辨率。

※ ▣：快速预览。可以设置多种不同的渲染方式，以获取相应的快速预览速度。

※ ▣：切换透明网格。使用这种方式可以很方便地查看具有 Alpha 通道的图像边缘。

※ ▢：切换蒙版和形状路径可见性。控制是否显示蒙版和形状路径的边缘，在编辑蒙版时必须激活该按钮。

※ ▣：选择网格和参考线选项。用于设置是否在"合成"面板中显示安全框和标尺等。

※ ▣：显示通道及色彩管理设置。选择相应的颜色，可以分别查看红、绿、蓝和Alpha 通道。

※ ▣：目标区域。仅渲染选定的某个区域。

※ ▣：重置曝光度。重新设置曝光。

※ +0.0：调整曝光度。用于调节曝光度。

※ ▣：拍摄快照。单击该按钮，可以拍摄当前画面，并且将拍摄好的画面转存到内存中。

※ ▣：显示快照。单击该按钮，显示最后拍摄的快照。

※ 0:00:00:00：预览时间。设置当前预览视频所处的时间位置。

1.3.3　时间轴面板

"时间轴"面板是进行后期特效处理和制作动画的主要窗口，窗口中的素材是以图层的形式进行排列的，如图 1-16 所示。

"时间轴"面板中主要按钮的功能如下。

※ 0:00:00:00：显示当前合成中时间指针所处的位置及该合成的帧速率。单击该按钮，可以修改当前时间。

图1-16

※ ▣：合成微型流程图。合成微型流程图开关。

※ ▣：三维图层。将二维图层转换为带有深度空间信息的三维图层。

※ ▣：隐藏设置为"消隐"的所有图层。

※ ▣：为设置了"帧混合"的所有图层启用帧混合。

※ ▣：为设置了"运动模糊"的所有图层启用运动模糊。

※ ▣：隐藏或显示该图层。

※ ▣：修改属性数值时自动生成关键帧。

※ ▣：可以打开或关闭对关键帧进行图表编辑的面板。

1.3.4　效果控件面板

"效果控件"面板主要用来显示图层应用的效果，可以在"效果控件"面板中调节各个效果的参数值，也可以结合"时间轴"面板为效果参数制作关键帧动画。"效果控件"面板如图 1-17 所示。

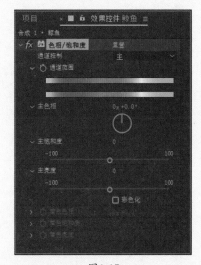

图1-17

1.3.5 渲染队列面板

创建完成合成进行渲染输出时，就需要用到"渲染队列"面板。执行"合成"→"添加到渲染队列"命令，或者按快捷键Ctrl+M，即可进入"渲染队列"面板，如图1-18所示。

图1-18

"渲染队列"面板中主要组件的功能如下。

※ 当前渲染：显示渲染的进度。

※ 已用时间：显示已经使用的时间。

※ 渲染：单击该按钮，开始渲染影片。

※ 合成名称：当前渲染合成的名称。

※ 状态：查看是否已加入渲染队列。

※ 已启动：显示开始的时间。

※ 渲染时间：显示渲染的时间。

※ 渲染设置：单击该按钮，弹出"渲染设置"面板，可以设置渲染的预设等。

※ 输出模块：单击该按钮，弹出"输出"面板，可以设置输出的格式等。

※ 日志：渲染时生成的文本记录文件，记录渲染中的错误和其他信息。在"渲染信息"面板中可以查看该文件保存的路径。

※ 输出到：用于设置输出文件的名称及路径。

※ 消息：在渲染时所处的状态。

※ RAM（RAM渲染）：渲染的存储进度。

※ 渲染已开始：显示渲染开始的时间。

※ 已用总时间：显示渲染所用的时间。

单击"输出模块"后面的文字，弹出"输出模块设置"对话框，其中包括"主要选项"和"色彩管理"选项卡，如图1-19和图1-20所示，主要的控件使用方法如下。

※ 格式：用于设置输出文件的格式。

※ 渲染后动作：渲染后的动作,包括"无""导入""导入和替换用法""设置代理"

四个选项。

※ 包括项目链接：选中该复选框将包含项目链接。

※ 包括源XMP元数据：选中该复选框将包含素材源XMP元数据。

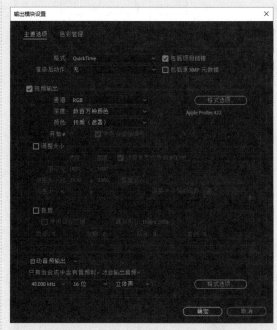

图1-19

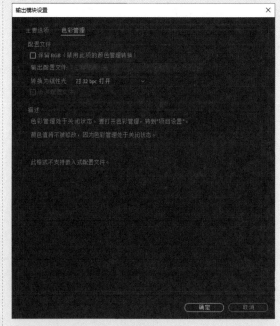

图1-20

After Effects 2022特效合成完全实战技术手册

※ 视频输出：设置输出视频的通道和开始帧等。

※ 通道：用于设置输出视频的通道，包括RGB、Alpha、RGB+Alpha三种通道模式。

※ 深度：默认为数百万种颜色。

※ 颜色：默认为预乘（遮罩）。

※ 格式选项：单击该按钮，可以设置视频编解码器和视频品质等参数。

※ 开始：在渲染序列文件时会激活，并可以设置开始帧。

※ 调整大小：选中该复选框，可以重新设置输出的视频或图片的尺寸。

※ 裁剪：选中该复选框，可以对输出区域进行裁剪。

※ 自动音频输出：可以打开或关闭音频输出，默认为自动音频输出。

1.4 素材的分类与管理

在影视特效制作中，素材是不可缺少的，有些素材可以直接通过软件制作出来，而有些素材就需要从外部导入和获取，例如一些视频素材就需要预先拍摄好真实的视频，然后导入 After Effects 中作为素材。在完成项目及合成文件的创建后，需要在"项目"面板或相关文件夹中导入素材文件，才能进行后续的编辑工作。在导入素材后，由于素材的类型各不相同，因此需要对素材进行归类和整理，以便之后的项目编辑工作。

1.4.1 素材的分类

1. 图片素材

图片素材是指各类摄影、设计图片，是影视特效制作中运用最为普遍的素材，After Effects 2022 支持的图片素材格式包括 JPEG、TGA、PNG、BMP、PSD 等。

2. 视频素材

视频是由一连串连续变化的影像画面组成的，一幅单独的影像画面称为"帧"。After Effects 2022 支持比较常用的视频素材格式包括 AVI、WMV、MOV、MPG 等。

3. 音频素材

音频素材主要是指一些特效声音、配音和背景音乐等。After Effects 2022 支持的音频素材格式主要有 WAV 和 MP3。

1.4.2 实例：导入不同类型的素材

要想制作出丰富多彩的视觉特效，单凭 After Effects 软件是不够的，还需要借助其他软件进行辅助设计，并将制作的不同格式的文件导入 After Effects 中进行应用。对于不同的格式文件，After Effects 有着不同的导入设置方法，下面介绍两种常规格式文件的导入方法。

01 启动 After Effects 2022，按快捷键 Ctrl+O，打开配套素材中的"导入素材.aep"项目文件。

02 执行"文件"→"导入"→"文件"命令，或者按快捷键 Ctrl+I，弹出"导入文件"对话框，选择配套素材中的"黄油面包.jpg"文件，单击"导入"按钮。也可以直接将该文件拖入软件中，如图1-21所示。

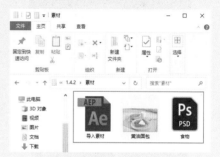

图1-21

03 完成上述操作后，将在"项目"面板中看到导入的图像文件，如图1-22所示。

图1-22

04 执行"文件"→"导入"→"文件"命令，或者按快捷键 Ctrl+I，弹出"导入文件"对话框，选择配套素材中的"食物.psd"文件，如图1-23所示，单击"导入"按钮。

图1-23

05 此时将打开一个以素材名命名的对话框，如图1-24所示，在该对话框中，指定要导入的类型，可以是素材，也可以是合成。

图1-24

06 在该对话框中，设置"导入种类"为"素材"时，单击"确定"按钮，可以在"项目"面板中看到"素材"的导入效果，如图1-25和图1-26所示。

图1-25

图1-26

07 在该对话框中，设置"导入种类"为"合成"时，单击"确定"按钮，可以在"项目"面板中看到"合成"的导入效果，如图1-27和图1-28所示。

图1-27

图1-28

> 提示：在设置"导入种类"时，分别选择"合成"和"合成-保持图层大小"选项，导入后的效果看似是一样的，但是选择"合成"选项将PSD格式的素材导入项目面板时，每层大小取文档大小；选择"合成-保持图层大小"选项导入时，取每层的非透明区域作为每层的大小。即"合成"选项以合成为大小，"合成-保持图层大小"选项以图层中素材本身的尺寸为大小。

08 在选择"素材"导入类型时，"图层选项"选项组中的选项处于可用状态，选中"合并的图层"单选按钮，导入的图片将是所有图层合并后的效果；选中"选择图层"单选按钮，可以从右侧的下拉列表中选择PSD分层文件的某一个图层，作为素材导入。

1.4.3 使用文件夹归类管理

一般来说，素材的基本分类包括：静态图像素材、视频动画素材、音频素材、标题字幕、合成素材等，可以以此来创建一些文件夹放置同类型的素材，以便快速查找。

执行"文件"→"新建"→"新建文件夹"命令，如图1-29所示，或者在"项目"面板的空白处右击，在弹出的快捷菜单中选择"新建文件夹"选项，如图1-30所示，即可创建一个新的文件夹。

图1-29

图1-30

提示：在"项目"面板的下方单击"新建文件夹"按钮█，也可以快速创建一个文件夹。

1.4.4　实例：文件夹管理操作

在"项目"面板中新建文件夹后，可以对文件夹进行命名，并将导入的素材放置到文件夹中，下面介绍文件夹的基本操作方法。

01 启动After Effects 2022，按快捷键Ctrl+O，打开配套素材中的"文件夹管理.aep"项目文件，在"项目"面板中可以看到罗列的文件夹及素材，如图1-31所示。

图1-31

02 在"项目"面板中选择"未命名1"文件夹，按Enter键激活后，输入新名称"图片"，再次按Enter键，即可完成对文件夹名称的更改，如图1-32所示。

图1-32

03 采用上述同样的方法，将"未命名2"文件夹的名称修改为"视频"，如图1-33所示。

图1-33

04 在"项目"面板中同时选中"图片01.jpg"和"图片02.jpg"素材文件，如图1-34所示，并将文件拖至"图片"文件夹中（上方）。

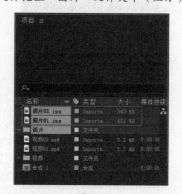

图1-34

05 释放鼠标，即可将图片素材放置到"图片"文件夹中，如图1-35所示。

图1-35

06 采用同样的方法，同时选中"视频01.mp4"和"视频02.mp4"素材文件，将它们拖入"视频"文件夹中，如图1-36所示。

图1-36

07 选择"视频02.mp4"素材文件，按Delete键或单击"项目"面板下方的"删除所选项目项"按钮，如图1-37所示，可以将选中的素材文件删除。

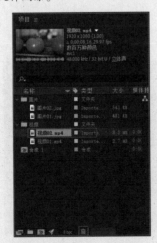

图1-37

08 若选中"视频"文件夹，按Delete键或单击"项目"面板下方的"删除所选项目项"

按钮，将弹出如图1-38所示对话框，单击"删除"按钮，即可将选中的文件夹删除。

图1-38

09 如果对导入的素材文件不满意，可以对素材进行替换。在"项目"面板中选中"图片01.jpg"素材文件并右击，在弹出的快捷菜单中选择"替换素材"→"文件"选项，如图1-39所示。

图1-39

10 在弹出的对话框中选择配套素材中的"图片03.jpg"文件，如图1-40所示，然后单击"导入"按钮。

图1-40

> 提示：在进行上述替换操作时，注意取消选中对话框中的"Importer JPEG序列"复选框。

11 完成上述操作后，在"项目"面板中的"图片01.jpg"素材文件将被替换为"图片

03.jpg"文件，如图1-41所示。

图1-41

> 提示：执行"整理工程（文件）"→"整合所有素材"或"删除未用过的素材"命令，可以选择将"项目"面板中重复导入的素材删除，或者将"项目"面板中没有应用的素材全部删除，如图1-42所示。

图1-42

1.4.5 实例：添加和移动素材

将素材添加至"项目"面板后，即可将素材添加到"时间轴"面板中，并对素材层展开其他编辑操作。

01 启动After Effects 2022，按快捷键Ctrl+O，打开配套素材中的"添加和移动素材.aep"项目文件。

02 在"项目"面板中选择"小猫.mp4"素材文件，并将其直接拖入"时间轴"面板，如图1-43所示。

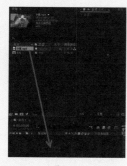

图1-43

03 将素材拖至"时间轴"面板时，鼠标指针会发生相应的变化，此时释放鼠标，即可将素

材添加到"时间轴"面板中，在"合成"面板中也能预览素材，如图1-44所示。

图1-44

04 默认情况下，添加的素材起点位于0:00:00:00的位置，如果需要改变素材起点，可以直接拖动素材层进行调整，如图1-45所示。

图1-45

> 提示：在拖动素材层时，不但可以将起点后移，也可以选择将起点前移，即素材层可以向左或向右随意移动。

1.4.6 设置入点和出点

入点和出点，即影片开始和结束时的时间位置。在After Effects 2022中，素材的入点和出点，可以在"图层"面板或"时间轴"面板中进行设置。

1. 在"图层"面板中设置入点和出点

将素材添加到"时间轴"面板后，在"时间轴"面板中双击素材，打开"图层"面板，如图1-46所示。

图1-46

在"图层"面板中，拖动时间滑块到需要设置为入点的时间点，单击"将入点设置为当前时间"

按钮■,即可设置当前时间为素材的入点,如图1-47所示。采用同样的方法,将时间滑块拖至需要设置为出点的时间点,然后单击"将出点设置为当前时间"按钮■,即可设置当前时间为素材的出点,如图1-48所示。

图1-47

图1-48

2. 在"时间轴"面板中设置入点和出点

将素材添加到"时间轴"面板中,然后将鼠标指针放置在素材持续时间条的开始或结束位置,当鼠标指针变为双箭头状态时,向左或向右拖动,即可修改素材的入点或出点的位置,如图1-49所示。

图1-49

1.5 影视后期操作流程

本节主要介绍 After Effects 2022 的基本操作流程,遵循 After Effects 的操作流程有助于提升工作效率,也能避免在工作中出现不必要的错误和麻烦。

1.5.1 新建项目

一般在启动 After Effects 时,软件会自动建立一个空的项目,如图1-50所示。用户可以对这个空项目进行设置。执行"文件"→"项目设置"命令,或者单击"项目"面板左上角的■按钮,都可以弹出"项目设置"对话框,如图1-51所示,在"项目设置"对话框中可以根据需要进行设置。

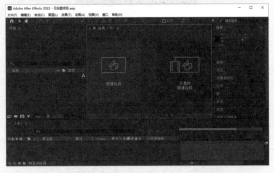

图1-50

图1-51

对项目进行设置后,可以执行"文件"→"保存"命令,或者按快捷键 Ctrl+S,在弹出的"另存为"对话框中设置存储路径和文件名称,最后单击"保存"按钮,即可将该项目保存到指定的路径中。

1.5.2 新建合成

在 After Effects 中,一个项目可以创建多个合成,并且每个合成都能作为一段素材应用到其他合成中。

创建合成的方法主要有以下3种。

※ 在"项目"面板的空白处右击,在弹出的快捷菜单中选择"新建合成"选项,如图1-52所示。

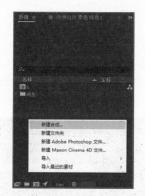

图1-52

※ 执行"合成"→"新建合成"命令，如图 1-53 所示。

图1-53

※ 单击"项目"面板中的"新建合成"按钮 ，可以直接弹出"合成设置"对话框创建合成。

1.5.3　导入素材

导入素材的方法有很多，可以一次性导入全部素材，也可以选择多次导入素材。导入素材的方法主要有以下几种。

※ 通过菜单栏导入。执行"文件"→"导入"→"文件"命令，或者按快捷键 Ctrl+I，弹出"导入文件"对话框，如图 1-54 所示。

图1-54

※ 在"项目"面板空白处右击，在弹出的快捷菜单中选择"导入"→"文件"选项，如图 1-55 所示，也可以弹出"导入文件"对话框。

图1-55

※ 在"项目"面板空白处双击，直接弹出"导入文件"对话框。

> 提示：如果要导入最近用过的素材，可以在"文件"→"导入最近的素材"子菜单中直接选择，如图1-56所示。

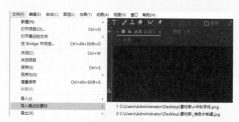

图1-56

1.5.4　在时间轴面板中整合素材

影视特效制作最核心的操作就是在"时间轴"面板中对所有素材进行整合，例如对素材进行编辑调色、设置关键帧动画及添加各种效果等，直到完成最终的合成，如图 1-57 所示。

图1-57

1.5.5　渲染输出

渲染是制作影视特效的最后一步，渲染方式影响着影片的最终呈现效果。After Effects 可以将合成项目渲染输出为视频文件、音频文件或者序列图片等。

　　在影片渲染输出时，如果只需要渲染其中的一部分，就需要设置渲染工作区。

　　在"时间轴"面板中，由"工作区域开头"和"工作区域结尾"两点控制渲染区域。将鼠标指针放在"工作区域开头"或"工作区域结尾"的位置时，鼠标指针会变成方向箭头，此时单击并向左或向右拖动，即可修改工作区。"工作区域开头"的快捷键为 B，"工作区域结尾"的快捷键为 N，如图 1-58 所示。

图 1-58

After Effects 2022特效合成完全实战技术手册

第2章

图层的创建与编辑

After Effects 跟 Photoshop 等软件一样都有图层，After Effects 2022 中的图层是后续动画制作的平台，一切特效、动画都是在图层的基础上完成和实现的，在 After Effects 2022 中如何创建、编辑和使用图层是本章要学习的内容。

2.1 图层的定义

"图层"的原理就像在一张张透明的玻璃纸上作画，透过上面的玻璃纸可以看见下面纸上的内容，无论在上一层上如何涂画都不会影响下面玻璃纸的内容，但是上面一层会遮挡住下面一层的图像。最后将玻璃纸叠加起来，通过移动各层玻璃纸的相对位置或者添加更多的玻璃纸并绘画，即可改变最后的合成效果，如图 2-1 所示。

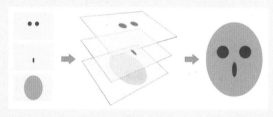

图2-1

2.2 图层的选择

在影视后期制作中，经常需要选择一个或多个图层进行编辑，所以如何选择图层是用户必须掌握的基本操作，下面具体讲解选择图层的方法。

2.2.1 选择单个图层

在"时间轴"面板中单击图层的名称，即可选中相应的图层，如图 2-2 所示。在"合成"面板中单击目标图层，也可以将在"时间轴"面板中相对应的图层选中。

图2-2

2.2.2 选择多个图层

在"时间轴"面板左侧的区域，不仅可以通过单击选择单个图层，也可以按住鼠标左键并拖动框选多个图层，如图 2-3 所示。

图2-3

如果是选择多个连续的图层，也可以先在"时间轴"面板中单击起始图层，然后按住 Shift 键单击结束图层，即可选中起始和结束图层之间的多个连续的图层，如图 2-4 所示。

图2-4

有时候需要特定选择"时间轴"面板中的某几个图层，但是这些图层并不相邻，此时就可以按住 Ctrl 键，然后分别单击需要选择的图层。

执行"编辑"→"全选"命令，或者按快捷键 Ctrl+A，可以选择"时间轴"面板中的所有图层。执行"编辑"→"全部取消选择"命令，或者按快捷键 Ctrl+Shift+A，可以将选中的图层全部取消选中，如图 2-5 所示。

使用标签颜色也可以选择图层。在某个目标图层的标签颜色上右击，在弹出的快捷菜单中选择"选择标签组"选项，如图 2-6 所示，即可选中所有与该标签颜色相同的图层，如图 2-7 所示。

图2-5   图2-6

图2-7

2.2.3 实例：选择图层

本例练习选择图层的操作方法。

01 启动After Effects 2022，打开本书配套资源中的"源文件/第2章/2.2.3图层的选择/图层的选择.aep"文件，如图2-8所示。

图2-8

02 此时的"时间轴"面板中共有4个图层，都处于未选中状态，如图2-9所示。

图2-9

03 在"时间轴"面板中单击图层名为"鸟"的图层，如图2-10所示，选中"鸟"图层后，对应"合成"面板中的效果如图2-11所示，此时选中图层的图形外侧会显示变换控制框。

图2-10

图2-11

04 按住Ctrl键并单击图层名为"树"的图层，如图2-12所示，此时"鸟"和"树"两个图层都选中了，"合成"面板中的效果如图2-13所示。

图2-12

图2-13

05 按住Shift键单击"时间轴"面板中名称为"固态层"的图层,将"时间轴"面板中的所有图层都选中,如图2-14所示,"合成"面板中的效果如图2-15所示。

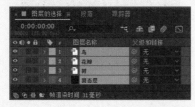

图2-14

图2-15

06 下面使用标签颜色来选择"鸟""花瓣"和"树"图层。按快捷键Ctrl+Shift+A,在"时间轴"面板取消所有图层的选中状态,如图2-16所示。在"鸟"图层名称前的标签上右击,在弹出的快捷菜单中选择"选择标签组"选项,如图2-17所示。

图2-16   图2-17

07 此时"时间轴"面板中的"鸟""花瓣"和"树"图层都被选中,如图2-18所示,"合成"面板中的效果如图2-19所示,操作完毕。

图2-18

图2-19

2.3 编辑图层

编辑图层是指根据项目制作的需要,对图层进行复制、粘贴、合并、分割和删除等操作。熟练掌握编辑图层的各种技巧,有助于提高工作效率。

2.3.1 复制与粘贴图层

在"时间轴"面板中选择需要复制和粘贴的图层,执行"编辑"→"重复"命令,如图2-20所示,或者按快捷键Ctrl+D,即在当前位置复制和粘贴一个图层,如图2-21所示。

图2-20

图2-21

在指定位置粘贴图层的方法如下。

01 在"时间轴"面板中选择需要复制和粘贴的图层，执行"编辑"→"复制"命令，或者按快捷键Ctrl+C，如图2-22所示。

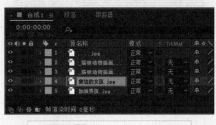

图2-22

02 选择要粘贴的图层位置，执行"编辑"→"粘贴"命令，或者按快捷键Ctrl+V，如图2-23所示。

图2-23

2.3.2　合并多个图层

在项目制作中，有时需要将几个图层合并在一起，以便于整体添加动画和特效。

图层合并的方法如下。

01 在"时间轴"面板中选择需要合并的图层，在图层上右击，在弹出的快捷菜单中选择"预合成"选项，或者按快捷键Ctrl+Shift+C，如图2-24所示。

图2-24

02 在弹出的"预合成"对话框中设置预合成的名称，单击"确定"按钮，如图2-25所示。

图2-25

经过上述操作，就将所选择的几个图层合并到一个新的合成中了，图层合并后的效果如图2-26所示。

图2-26

2.3.3　层的拆分与删除

在 After Effects 2022 中，可以对"时间轴"面板中的图层进行拆分。

选择需要拆分的图层，将时间线拖至需要拆分的位置，执行"编辑"→"拆分图层"命令，如图 2-27 所示，或者按快捷键 Ctrl+Shift+D，将所选图层拆分为两个图层，如图 2-28 所示。

图2-27

图2-28

删除图层的方法很简单，只要选中需要删除的一个或者多个图层，执行"编辑"→"清除"命令，如图 2-29 所示，或者按 Delete 键，即可将其删除，删除后的"时间轴"面板如图 2-30 所示。

图2-29

图2-30

2.3.4 实例：编辑图层

本例通过复制图层并调整图层属性来完成案例效果的制作。

01 启动After Effects 2022，打开本书配套资源中的"源文件/第2章/2.3.4编辑图层/编辑图层.aep"文件，如图2-31所示。

图2-31

02 在"时间轴"面板中选择"红鱼一"图层，如图2-32所示，执行"编辑"→"重复"命令，或者按快捷键Ctrl+D，复制一个"红鱼一"图层，并将其命名为"红鱼一副本"，如图2-33所示。

03 单击▶按钮，展开图层"红鱼一副本"的"变换"属性，并设置"位置"值为101.0,348.0、"缩放"值为15.0,15.0%，具体参数设置及在"合成"面板中的对应效果，如图2-34和图

2-35所示。

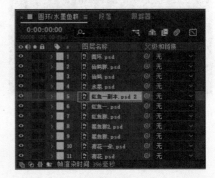

图2-32

图2-33

图2-34

图2-35

04 在"时间轴"面板中选择"仙鹤"图层，执行"编辑"→"复制"命令，或者按快捷键Ctrl+C，如图2-36所示。

图2-36

05 在"时间轴"面板中选择要粘贴的位置，这里选择粘贴在图层"圆环"的上方。单击"圆环"图层，执行"编辑"→"粘贴"命令，或者按快捷键Ctrl+V（粘贴），副本图层命名为"仙鹤副本.psd 2"，如图2-37所示。

图2-37

06 单击▶按钮，展开图层"仙鹤副本.psd 2"的"变换"属性，并设置"位置"值为254.0,248.0、"缩放"值为16.0,16.0%，如图2-38所示。"合成"面板的效果如图2-39所示。

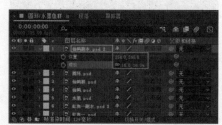

图2-38

图2-39

07 按住Ctrl键在"时间轴"面板中加选名称为"仙鹤.psd"的图层，如图2-40所示。在图层上右击，在弹出的快捷菜单中选择"预合

成"选项，在弹出的"预合成"对话框中设置新合成的名称为"仙鹤嵌套"，如图2-41所示，单击"确定"按钮。

图2-40

图2-41

08 在"时间轴"面板中可以看到刚才合并后的图层"仙鹤嵌套"，如图2-42所示，至此本例制作完毕，最后的合成效果如图2-43所示。

图2-42

图2-43

2.4 图层变换属性

在After Effects中，图层属性是设置关键帧

动画的基础。除了单独的音频图层，其余的所有图层都具有 5 个基本的变换属性，它们分别是"锚点""位置""缩放""旋转"和"不透明度"属性，如图 2-44 所示。

图2-44

2.4.1 锚点属性

锚点即是图层的轴心点，图层的位置、旋转和缩放属性都是基于锚点来操作的，展开锚点属性的快捷键为 A。不同位置的锚点将对图层的位移、缩放和旋转属性产生不同的视觉效果，设置素材为不同锚点参数的对比效果，如图 2-45 和图 2-46 所示。

图2-45

图2-46

2.4.2 位置属性

位置属性可以控制素材在画面中的位置，主要用来制作图层的位移动画，展开位置属性的快捷键为 P。设置素材为不同位置参数的对比效果如图 2-47 和图 2-48 所示。

图2-47

图2-48

2.4.3 缩放属性

缩放属性主要用于控制图层的大小，展开缩放属性的快捷键为 S。在缩放图层时，软件默认为等比例缩放，也可以选择非等比例缩放，单击"锁定缩放"按钮 解除锁定，这样即可对图层的宽度和高度进行分别调节；若设置缩放属性为负值时，则会翻转图层。设置素材为不同缩放参数的对比效果如图 2-49 和图 2-50 所示。

图2-49

图2-50

设置素材缩放参数为负值时的效果如图2-51和图2-52所示。

图2-51

图2-52

2.4.4 旋转属性

旋转属性主要用于控制图层在合成画面中的角度，展开旋转属性的快捷键为R，旋转属性参数由"圈数"和"度数"两个参数组成，如1×+30°就表示旋转了一圈又旋转了30°，设置素材为不同旋转参数的对比效果如图2-53和图2-54所示。

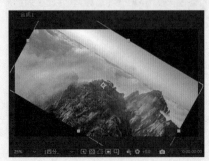

图2-53

图2-54

2.4.5 不透明度属性

不透明度属性主要用于设置素材图像的透明效果，展开不透明度属性的快捷键为T。不透明度属性的参数是以百分比的形式来计算，当数值为100%时，表示图像完全不透明；当数值为0%时，表示图像完全透明。设置素材为不同不透明度参数的对比效果如图2-55和图2-56所示。

图2-55

图2-56

在一般情况下，按一次图层属性的快捷键每次只能显示一种属性。我们可以在按住Shift键的同时加按其他图层属性的快捷键，即可显示多个图层属性，如图2-57所示。

图2-57

2.4.6 实例：图层变换属性

本例主要是通过设置图层之间的变换属性，调整每个时间点的关键帧来制作汽车动画的效果。

01 打开After Effects 2022，执行"合成"→"新建合成"命令，创建一个预置为PAL D1/DV的合成，设置"持续时间"0:00:03:10，并将其命名为"奇幻之旅"，如图2-58所示，单击"确定"按钮关闭对话框。

图2-58

02 执行"文件"→"导入"→"文件…"命令，或者按快捷键Ctrl+I，导入"源文件/第2章/2.4.6图层Transform（变换）属性/Footage"文件夹中的"背景.jpg"和"车.psd"图片素材文件，如图2-59所示。

图2-59

03 将"项目"面板中的"背景.jpg"和"车.

psd"素材按顺序拖至"时间轴"面板中，如图2-60和图2-61所示。

图2-60

图2-61

04 在"时间轴"面板中设置"车.psd"的"位置"值为452.0,404.0、"缩放"值为8.0,8.0%，具体参数设置及在"合成"面板中对应的效果如图2-62和图2-63所示。

图2-62

图2-63

05 选择"车.psd"图层，将时间轴移至0:00:00:00，单击"位置"和"缩放"属性前面的"时间变化秒表"按钮，为"位置"和"缩放"属性分别添加一个关键帧。

将时间轴移至0:00:01:09，设置"位置"值为
−55.0,664.0，"缩放"值为21.0,21.0%，如图
2-64所示，"合成"面板中对应的效果如图
2-65所示。

图2-64

图2-65

06 执行"文件"→"导入"→"文件…"命
令，或者按快捷键Ctrl+I，导入"源文件/第2
章/ 2.4.6图层Transform（变换）属性/Footage/
云朵"文件夹中的"10001-10125.PNG"序列
素材，如图2-66所示。

图2-66

07 将"项目"面板中的"10001-10125.PNG"序
列素材拖至"时间轴"面板中，如图2-67和图
2-68所示。

图2-67

图2-68

08 展开"10001-10125.PNG"图层的变换属性，
将时间轴移至0:00:00:00，并设置其"不透
明度"值为0%，然后单击"时间变化秒表"
按钮，为"不透明度"属性添加一个关键
帧，如图2-69和图2-70所示。

图2-69

图2-70

09 选择"10001-10125.PNG"图层，将时间轴
移至0:00:00:05，设置其"不透明度"值为
100%，如图2-71和图2-72所示。

图2-71

10 在"时间轴"面板中的空白处右击，在弹
出的快捷菜单中选择"新建"→"文本"
选项。

图2-72

11 在"合成"面板中输入文字,设置"字体"为 Adobe Fan Heiti Std、"文字大小"值为58、"填充颜色"为白色,如图2-73所示。"合成"面板中的文字显示效果如图2-74所示。

图2-73　　　　　　图2-74

12 将时间轴移至0:00:00:00,设置"奇幻之旅"文字图层的"锚点"值为151.6,-25.5,"位置"值为-40.0,-20.0,"旋转"值为-17×-210.0°,如图2-75所示。单击"位置"和"旋转"前面的"时间变化秒表"按钮,分别添加一个关键帧,此时文字在"合成"面板中的效果如图2-76所示。

图2-75

图2-76

13 将时间轴移至0:00:00:14,设置"奇幻之旅"文字图层的"位置"值为466.0,308.0,"旋转"值为-1×+0.0°,参数设置及在"合成"面板中的效果如图2-77和图2-78所示。

图2-77

图2-78

14 在"时间轴"面板中选择"奇幻之旅"文字图层,执行"效果"→"模糊和锐化"→"径向模糊"命令,为文字添加"径向模糊"效果,如图2-79所示。

图2-79

15 在当前时间轴(0:00:00:14)的位置展开"径向模糊"的属性,设置"数量"值为0.0,并单击"时间变化秒表"按钮,为"数量"属性添加一个关键帧,如图2-80和图2-81所示。

图2-80

图2-81

图2-85

16 将时间轴移至0:00:00:00，设置"数量"值为40.0，参数设置及在"合成"面板中的效果如图2-82和图2-83所示。

图2-82

图2-86

图2-83

图2-87

17 至此，本例动画制作完毕，按小键盘上的0键预览动画效果，如图2-84～图2-87所示。

2.5 图层叠加模式

图层叠加是指将一个图层与其下面的图层相互混合、叠加，以便共同作用于画面效果，After Effects 2022提供了多种图层叠加模式，不同的叠加模式可以产生各种不同的混合效果，而且不会破坏原始图像。

在"时间轴"面板中的图层上单击"模式"按钮，然后在弹出菜单的"混合模式"子菜单中选择相应的模式即可。也可以直接单击图层后面的"模式"按钮，在弹出的模式类型下拉列表中选择相应的模式，如图 2-88 所示。

图2-84

图2-88

接下来用两张素材相互叠加来演示不同图层模式的混合效果,其中一张作为底图素材图层,如图 2-89 所示,而另外一张则作为叠加图层的源素材,如图 2-90 所示。

图2-89

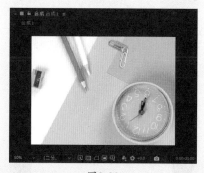

图2-90

2.5.1　普通模式

普通模式包括正常、溶解、动态抖动溶解 3 种叠加模式。普通模式的叠加效果随底图素材图层和源素材图层的不透明度变化而产生相应效果,当两个素材图层的不透明度均为 100% 时,不产生叠加效果。

1．正常模式

当图层的不透明度为 100% 时,合成将根据 Alpha 通道正常显示当前图层,并且图层的显示不受其他图层的影响,如图 2-91 所示;当图层的不透明度小于 100% 时,当前图层的每个像素的颜色都将受到其他图层的影响,如图 2-92 所示。

图2-91

图2-92

2．溶解模式

溶解模式将控制图层与图层之间的融合显示,因此该模式对于有羽化边缘的层有较大的影响。如果当前图层没有遮罩羽化边界或该图层设置为完全不透明,则该模式几乎不起作用。所以该模式最终效果受到当前图层的 Alpha 通道的羽化程度和不透明度的影响。当前图层不透明度越低,溶解效果越明显。当前图层(源素材图层)的不透明度为 60% 时,溶解模式的效果如图 2-93 所示。

图2-93

3．动态抖动溶解模式

动态抖动溶解模式和溶解模式的原理相似，只不过动态抖动溶解模式可以随时更新随机值，它对融合区域进行了随机生成动画，而溶解（Dissolve）模式的颗粒随机值是不变的。例如第 5 帧动态抖动溶解模式画面效果与第 20 帧动态抖动溶解模式画面效果就会有所不同，如图 2-94 和图 2-95 所示。

图2-94

图2-95

2.5.2　变暗模式

变暗模式包括变暗、相乘、颜色加深、经典颜色加深、线性加深、较深的颜色 6 种叠加模式，这种类型的叠加模式主要用于加深图像的整体颜色。

1．变暗模式

变暗模式是混合两个图层像素的颜色时，对这二者的 RGB 值（即 RGB 通道中的颜色亮度值）分别进行比较，取二者中低的值再组合成为混合后的颜色，所以总的颜色灰度级降低，造成变暗的效果。考察每一个通道的颜色信息以及相混合的像素颜色，选择较暗的作为混合的结果，颜色较亮的像素会被颜色较暗的像素替换，而较暗的像素不会发生变化。变暗模式的效果如图 2-96 所示。

图2-96

2．相乘模式

相乘模式是一种减色模式，将基色与叠加色相乘。素材图层相互叠加可以使图像暗部更暗，任何颜色与黑色相乘都将产生黑色，与白色相乘将保持不变，而与中间亮度的颜色相乘，可以得到一种更暗的效果。相乘模式效果如图 2-97 所示。

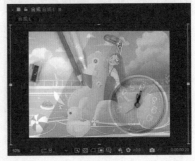

图2-97

3．颜色加深模式

颜色加深模式是通过增加对比度来使颜色变暗以反映叠加色，素材图层相互叠加可以使图像暗部更暗，当叠加色为白色时不发生变化。颜色加深模式效果如图 2-98 所示。

图2-98

4．经典颜色加深模式

经典颜色加深模式通过增加素材图像的对比

度，使颜色变暗以反映叠加色，其应用效果要优于颜色加深模式，如图2-99所示。

图2-99

5．线性加深模式

线性加深模式用于查看每个通道中的颜色信息，并通过减小亮度，使颜色变暗或变亮，以反映叠加色，素材图层相互叠加可以使图像暗部更暗，与黑色混合则不发生变化。与相乘模式相比，线性加深模式可以产生一种更暗的效果，如图2-100所示。

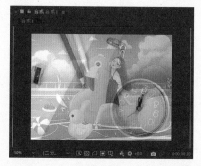

图2-100

2.5.3 变亮模式

变亮模式包括相加、变亮、屏幕、颜色减淡、经典颜色减淡、线性减淡、较浅的颜色7种叠加模式。这种类型的叠加模式主要用于提亮图像的整体颜色。

1．相加模式

相加模式是将基色与混合色相加，通过相应的加法运算得到更为明亮的颜色。素材相互叠加时，能够使亮部更亮。混合色为纯黑色或纯白色时不发生变化，有时可以将黑色背景素材通过相加模式与背景叠加，这样可以去掉黑色背景。相加模式效果如图2-101所示。

图2-101

2．变亮模式

变亮模式与变暗模式相反，它主要用于查看每个通道中的颜色信息，并选择基色和叠加色中较为明亮的颜色作为结果色（比叠加色暗的像素将被替换掉，而比叠加色亮的像素将保持不变）。变亮模式效果如图2-102所示。

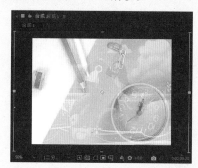

图2-102

3．屏幕模式

屏幕模式是一种加色叠加模式，将叠加色和基色相乘，呈现出一种较亮的效果。素材进行相互叠加后，也能使图像亮部更亮。屏幕模式效果如图2-103所示。

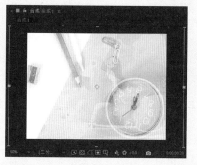

图2-103

4．经典颜色减淡模式

经典颜色减淡模式主要通过减小对比度来使

颜色变亮，以反映叠加色，其叠加效果要优于颜色减淡模式。

2.5.4 叠加模式

叠加模式包括叠加、柔光、强光、线性光、亮光、点光和纯色混合7种模式。在应用这类叠加模式时，需要对源图层和底层的颜色亮度进行比较，查看是否低于50%的灰度，然后再选择合适的叠加模式。这里介绍常用的几种叠加模式。

1．叠加模式

叠加模式可以根据底图的颜色，将源素材图层的像素相乘或覆盖。不替换颜色，但是基色与叠加色相混，以反映原色的亮度或暗度。该模式对中间色调影响较明显，对于高亮度区域和暗调区域影响不大。

2．柔光模式

柔光模式可以使颜色变亮或变暗，具体取决于叠加色。类似发散的聚光灯照在图像上的效果，若混合色比50%灰色亮则图像就变亮；若混合色比50%灰色暗则图像变暗。用纯黑色或纯白色绘画时产生明显的较暗或较亮的区域，但不会产生纯黑或纯白色。

3．强光模式

强光模式的作用效果如同打上一层色调强烈的光所以称为"强光"，如果两图层中颜色的灰阶是偏向低灰阶的，作用与相乘模式类似，而偏向高灰阶时，则与屏幕模式类似，中间阶调作用不明显。相乘或者屏幕混合底层颜色，取决于上层颜色，产生的效果类似图像照射强烈的聚光灯一样。如果上层颜色（光源）亮度高于50%灰，图像就会被照亮，这时混合方式类似屏幕模式；反之，如果亮度低于50%灰，图像就会变暗，这时混合方式就类似相乘模式，该模式能为图像添加阴影。如果用纯黑色或者纯白色进行混合，得到的也将是纯黑色或者纯白色。

4．线性光模式

线性光模式主要通过减小或增加亮度来加深或减淡颜色，这具体取决于叠加色。如果上层颜色（光源）亮度高于中性灰（50%灰），则用增加亮度的方法来使画面变亮，反之用降低亮度的方法来使画面变暗。

5．亮光模式

亮光模式可以通过调整对比度加深或减淡颜色，这取决于上层图像的颜色分布。如果上层图像颜色（光源）亮度高于50%灰，图像将被降低对比度并且变亮；如果上层图像颜色（光源）亮度低于50%灰，图像会被提高对比度并且变暗。

2.5.5 差值模式

差值模式包括差值、经典差值、排除、相减、相除5种，主要根据源图层和底层的颜色值来产生差异效果。这里介绍常见的几种差值模式。

1．差值模式

差值模式可以从基色中减去叠加色或从叠加色中减去基色，具体情况要取决于哪个颜色的亮度值更高。与白色混合将翻转基色值，与黑色混合则不产生变化。

2．经典差值模式

经典差值模式与差值模式相同，都可以从基色中减去叠加色或从叠加色中减去基色，但经典差值模式的效果要优于差值模式。

3．排除模式

排除模式是与差值模式非常类似的叠加模式，只是排除模式的结果色对比度没有差值模式强。与白色混合将翻转基色值，与黑色混合则不产生变化。

4．相减模式

相减模式是将底图素材图像与源素材图像相对应的像素提取出来并将它们相减。

2.5.6 实例：图层叠加模式

本实例主要运用图层之间的叠加模式，并添加文字来得到最终效果。

01 打开After Effects 2022，执行"合成"→"新建合成"命令，创建一个预置为PAL D1/DV的合成，设置"持续时间"为0:00:05:00，并将其命名为"移动是人类的梦想"，然后单击"确定"按钮，如图2-104所示。

02 执行"文件"→"导入"→"文件…"命令，或者按快捷键Ctrl+I，导入"源文件/第2章/2.5.6移动是人类的梦想/Footage"文件夹中的"手心.jpg"和"时尚购物.jpg"图片素材，如图2-105和图2-106所示。

图2-104

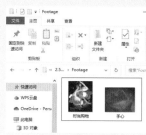

图2-105 　　　　　图2-106

03 将"项目"面板中的"手心.jpg"和"时尚购物.jpg"图片素材按顺序拖至"时间轴"面板中，如图2-107和图2-108所示。

图2-107

图2-108

04 在"时间轴"面板中设置"手心.jpg"的"不透明度"值为70%，"时尚购物.jpg"的"位置"值为312.0,272.0，"缩放"值为55.0,55.0%，"不透明度"值为55%，并设置其叠加模式为"变亮"，具体参数设置如图2-109所示。

图2-109

05 在"时间轴"面板中的空白处右击，在弹出的快捷菜单中选择"新建"→"文本"选项，在"合成"面板中输入文字，设置"字体"为微软雅黑，"文字大小"值为25，"填充颜色"为白色（R:255,G:255,B:255），具体参数设置及在"合成"面板中的对应效果，如图2-110和图2-111所示。

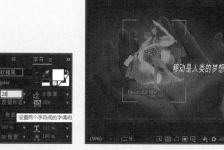

图2-110 　　　　　图2-111

06 在"时间轴"面板中设置文字图层的"位置"值为161.0,127.0，并设置其叠加模式为"叠加"，如图2-112所示。

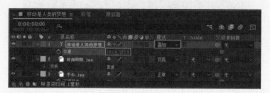

图2-112

07 至此，本例制作完毕，最终效果如图2-113所示。

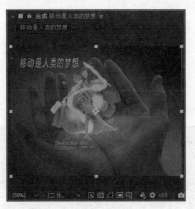

图2-113

图2-115

2.6 图层的类型

After Effects 2022中的可合成元素非常多，这些合成元素体现为各种图层。在 After Effects 2022 中可以导入图片、序列、音频、视频等素材来作为素材层，也可以直接创建其他不同类型的图层，例如，文本层、纯色层、灯光层、摄像机层、空对象层、形状图层、调整图层。下面将详细讲解各种不同类型的图层。

2.6.1 素材层

素材层是将图片、音频、视频等素材从外部导入 After Effects 中，然后在"项目"窗口将其拖至"时间线"窗口形成的层。除音频素材层以外，其他素材图层都具有 5 种基本的变换属性，可以在"时间线"窗口中对其位置、缩放、旋转、不透明度等属性进行设置，如图 2-114 所示。

图2-114

在创建素材图层时，可以进行单个创建，也可以一次性创建多个素材图层。在"项目"窗口中按住 Ctrl 键的同时，连续选择多个素材，然后将其拖至"时间线"窗口中，该窗口中的图层将按照之前选择素材的顺序进行排列，如图 2-115 所示。

2.6.2 文本层

在 After Effects 2022 中可以通过新建文本的方式为场景添加文字元素。在"时间线"窗口的空白处右击，然后在弹出的快捷菜单中选择"图层"→"新建"→"文本"选项。

选择"文本"选项后，在"时间轴"面板中会自动新建一个文本层，以输入的文字内容为名。可以为文本图层设置位置、缩放、旋转、不透明度等属性动画，也可以为文本图层添加发光、投影等各种效果。

2.6.3 纯色层

在 After Effects 2022 中，可以创建任何颜色和尺寸的纯色层。纯色层和其他素材图层一样，可以用来制作蒙版遮罩，也可以修改图层的变换属性，还可以对其应用各种效果。创建纯色层的方法主要有以下 3 种。

※ 执行"文件"→"导入"→"纯色"命令，如图 2-116 所示，在弹出的"纯色设置"对话框中设置纯色层的名称、大小、颜色，然后单击"确定"按钮，可以在"项目"面板中看到创建好的纯色层，如图 2-117所示。

※ 执行"图层"→"新建"→"纯色"命令，或者按快捷键 Ctrl+Y，如图 2-118 所示，在弹出的"纯色设置"对话框中设置纯

色层的各项属性，单击"确定"按钮。创建好的纯色层不仅显示在"项目"窗口的"固态层"文件夹中，还会自动放置在当前"时间线"窗口中的顶层位置。

图2-116

图2-117

图2-118

※ 右击"时间线"窗口的空白处，在弹出的快捷菜单中选择"新建"→"纯色"选项，如图2-119所示。

图2-119

在使用上述3种方法创建纯色层时，系统都会弹出"纯色设置"对话框，在该对话框中可以设置纯色层的名称、大小、颜色等属性，如图2-120所示。

图2-120

※ 名称：设置纯色层的名称。

※ 大小：设置纯色层的宽度、高度、单位和像素长宽比等。单击"制作合成大小"按钮，则按照合成的大小设置纯色层的尺寸。

※ 颜色：单击颜色块，可以为纯色层设置任意一种颜色。

2.6.4 空对象层

空对象层可以在素材上进行效果和动画设置，有辅助动画制作的功能。可以通过执行"图层"→"新建"→"空对象"命令创建空对象层，也可以在"时间轴"面板的空白处右击，在弹出的快捷菜单中选择"新建"→"空对象"选项。空对象层一般是通过父子链接的方式，使之与其他图层相关联，并控制其他图层的位置、缩放、旋转等属性，从而实现辅助动画制作的功能。单击图层后面的"父级"链接图标，选择"空1"图层，将多个图层链接到"空对象1"上。在空对象层中进行操作时，其所链接的图层也会进行同样的操作，如图2-121所示。

图2-121

2.6.5 形状图层

形状图层常用于创建各种图形，其创建方式有两种，可以通过执行"图层"→"新建"→"形状图层"命令，也可以在"图层"面板的空白处右击，在弹出的快捷菜单中选择"新建"→"形状图层"选项。

使用"钢笔"工具在"合成"窗口中勾画图像的形状,也可以使用"矩形"工具、"椭圆"工具、"多边形"工具等形状工具在"合成"窗口中绘制相应的图像形状,如图2-122所示。绘制完成后在"时间线"窗口中自动生成形状图层,还可以对刚创建的形状图层进行位置、缩放、旋转、不透明度等参数的设置,形状图层的属性窗口如图2-123所示。

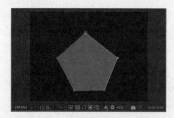

图2-122

图2-123

2.6.6 调整图层

调整图层的创建方法与纯色层的创建方法类似,可以通过"图层"→"新建"→"调整图层"命令,也可以在"时间轴"面板中的空白处右击,在弹出的快捷菜单中选择"新建"→"调整图层"选项。

调整图层和空对象层有相似之处,那就是调整图层在一般情况下都是不可见的,调整图层的主要作用是给位于它下面的图层附加调整图层上相同的效果(只作用于它以下的图层),在调整图层上添加效果等,可以辅助场景影片进行色彩和效果调节,调整图层应用前后效果对例如图2-124和图2-125所示。

图2-124

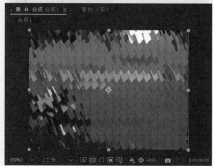

图2-125

2.6.7 实例:图层的类型

本节通过图层之间的相互叠加,添加文字和颜色,然后绘制各种形状的图形,调节图层变换属性的变化来达到最终效果。

01 打开After Effects 2022,执行"合成"→"新建合成"命令,创建一个预设为PAL D1/DV的合成,设置"持续时间"为0:00:05:00,并将其命名为"繁星点点",然后单击"确定"按钮,如图2-126所示。

图2-126

02 执行"文件"→"导入"→"文件…"命令,或者按快捷键Ctrl+I,导入"源文件/第2章/2.6.7图层的类型/Footage"文件夹中的03.mp4和04.mp4视频素材文件,如图2-127和图2-128所示。

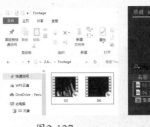

图2-127   图2-128

03 将"项目"面板中的03.mp4和04.mp4视频
素材按顺序拖至"时间轴"面板中，并设置
03.mp4的图层叠加模式为"相加"，如图
2-129和图2-130所示。

图2-129

图2-130

04 执行"图层"→"新建"→"纯色"命令，或
者按快捷键Ctrl+Y，创建一个纯色层，在弹出
的对话框中设置纯色层名称为"蓝色天空"，
"颜色"为灰蓝色（R:45,G:66,B:99），单击
"确定"按钮，如图2-131所示。

图2-131

05 在"时间轴"面板中，将"蓝色天空"纯色
层拖至03.mp4图层下面，并设置其叠加模式
为"相加"，如图2-132所示，此时"合成"
面板中的对应效果，如图2-133所示。

图2-132

图2-133

06 在"项目"面板中选择"蓝色天空"纯色
层，执行"效果"→"生成"→"梯度渐
变"命令，在"效果控件"面板中设置
"渐变起点"值为329.1,0.0，"渐变终点"
为329.1,576.0，"起始颜色"值为深蓝色
（R:21,G:19,B:73），"结束颜色"为浅蓝色
（R:53,G:71,B:98），具体参数设置及在"合
成"面板中的对应效果，如图2-134和图2-135
所示。

图2-134

图2-135

07 在"时间轴"面板中的空白处右击，然后在弹出的快捷菜单中选择"新建"→"文本"选项，在"合成"面板中输入"繁星点点"文字，设置"字体"为微软雅黑，"文字大小"值为60像素，"填充颜色"为青色（R:98,G:156,B:170），具体参数设置及在"合成"面板中的对应效果，如图2-136和图2-137所示。

图2-136　　　　　　图2-137

08 在"时间轴"面板中设置"繁星点点"文字图层的"位置"值为354.3,322.4，具体参数设置及在"合成"面板中的对应效果，如图2-138和图2-139所示。

图2-138

图2-139

09 在"时间轴"面板中选择"繁星点点"文字图层，执行"效果"→"风格化"→"发光"命令，并在"效果控件"面板中设置"发光半径"值为37.0，具体参数设置及在

"合成"面板中的对应效果，如图2-140和图2-141所示。

图2-140

图2-141

10 在"时间轴"面板中选择"繁星点点"文字图层，执行"效果"→"透视"→"投影"命令，并在"效果控件"面板中设置"方向"值为0×+232.0°，具体参数设置及在"合成"面板中的对应效果，如图2-142和图2-143所示。

图2-142

图2-143

11 在"时间轴"面板中的空白处右击，在弹出的快捷菜单中选择"新建"→"形状图层"选项，然后使用"工具"面板中的"星形"工具，在"合成"面板中单击拖曳出一个五角星图形如图2-144所示。

图2-144

12 在"时间轴"面板中展开"形状图层1"图层的属性，设置"颜色"为黄色（R:255,G:216,B:0），"锚点"值为-230.0,-148.0，"位置"值为150.0,140.0，"缩放"值为70.0,70.0%。具体参数设置及在"合成"面板中的对应效果，如图2-145和图2-146所示。

图2-145

图2-146

13 在"项目"面板中选择"形状图层1"图层，

执行"效果"→"风格化"→"发光"命令，并在"效果控件"面板中设置"发光半径"值为30.0，"发光强度"值为2.0，具体参数设置及在"合成"面板中的对应效果，如图2-147和图2-148所示。

图2-147

图2-148

14 将时间轴移至0:00:00:20，设置"形状图层1"图层的"旋转"值为0×+0.0°，"不透明度"值为0%，并单击两个属性名称前面的"时间变化秒表"按钮 ⬤ 为它们添加一个关键帧，如图2-149所示。将时间轴移至0:00:01:13，设置"形状图层1"图层的"不透明度"值为100%。最后将时间轴移至时间线的最后一帧，设置"形状图层1"图层的"旋转"值为1×+210.0°，如图2-150所示。

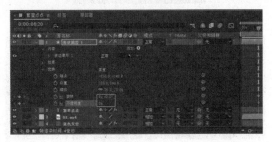

图2-149

图2-150

15 在"时间轴"面板中选择"形状图层1"图层，按快捷键Ctrl+D复制一个"形状图层2"图层，并设置其"位置"值为596.0,103.0，具体参数设置及在"合成"面板中的对应效果，如图2-151和图2-152所示。选择"形状图层2"图层，按快捷键Ctrl+D复制一个"形状图层3"图层，并设置其"位置"值为116.9.56.0，"缩放"值为50.0,50.0%，具体参数设置及在"合成"面板中的对应效果，如图2-153和图2-154所示。同理再复制一个"形状图层4"图层，并设置其"位置"值为378.3,101.0，"缩放"值为60.0,60.0%，具体参数设置及在"合成"面板中的对应效果，如图2-155和图2-156所示。

图2-151

图2-152

图2-153

图2-154

图2-155

图2-156

16 在"时间轴"面板中选择03.mp4图层，将时间轴移至0:00:00:00，设置其"不透明度"值为0%，并单击该属性名称前面的"时间变化秒表"按钮 ⏱ 为其添加一个关键帧，如图2-157所示，"合成"面板中的对应效果，如图2-158所示。将时间轴移至0:00:00:16，设置其"不透明度"值为100%，如图2-159所示，"合成"面板中的对应效果，如图2-160所示。

图2-157

图2-158

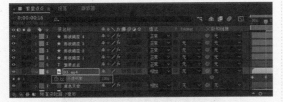

图2-159

图2-160

17 在"时间轴"面板中选择"繁星点点"文字图层，将时间轴移至0:00:00:20，并单击"位置""缩放""不透明度"属性名称前面的"时间变化秒表"按钮 ⏱，为它们分别添加一个关键帧，如图2-161所示，然后将时间轴移至0:00:00:00，设置其"位置"值为−221.3,280.0，"缩放"值为181.0,181.0%，"不透明度"值为0%，具体参数设置如图2-162所示。

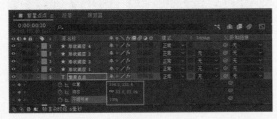

图2-161

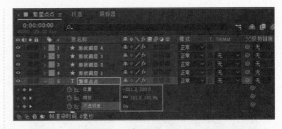

图2-162

18 至此，本例动画制作完毕，按小键盘上的0键预览动画，动画效果如图2-163～图2-166所示。

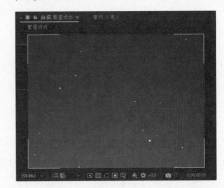

图2-163

图2-164

图2-165

图2-166

图2-168

综合实例：唯美天空特效

本例主要通过调整图层的变换属性，为图层添加"颜色键"特效以达到抠图的效果，然后为图层添加CC Star Burst特效和发光特效，用于制作璀璨星光的效果，最后使用CC Lens特效达到制作转场的效果，具体的操作方法如下。

01 打开After Effects 2022，执行"合成"→"新建合成"命令，创建一个预设为自定义的合成，设置"持续时间"为0:00:10:00，并将其命名为"唯美天空"，最后单击"确定"按钮，如图2-167所示。

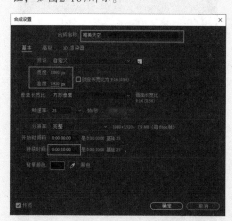

图2-167

02 执行"文件"→"导入"→"文件…"命令，或者按快捷键Ctrl+I，导入"源文件/第2章/2.7综合实战"文件夹中的"背景.mp4""星空.mp4"和"音乐素材.mp3"素材文件，如图2-168和图2-169所示。

图2-169

03 将"项目"面板中的"背景.mp4"拖至"时间轴"面板中，并设置"背景.mp4"图层的"旋转"值为0×+90.0°，具体参数设置如图2-170所示，"合成"面板中的对应效果如图2-171所示。

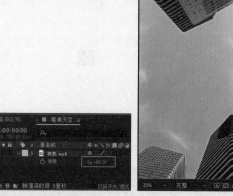

图2-170　　　　　　图2-171

04 选择"背景.mp4"图层，将时间轴移至0:00:01:24，按快捷键Ctrl+Shift+D进行裁剪，并将后半部分命名为"天空抠图"，如图2-172所示。

图2-172

05 选择"天空抠图"图层，执行"效果"→"过时"→"颜色键"命令，打开"颜色键"效果控件，设置"主色"值为5BA4EC，如图2-173所示。

图2-173

06 设置"颜色容差"值为50，调整参数如图2-174所示，调整效果如图2-175所示。选择"颜色键"，按快捷键Ctrl+D复制一层，得到"颜色键2"，选择"颜色键2"，设置"主色"值为ACCDEB，如图2-176所示。设置"颜色容差"值为50，如图2-177所示。

图2-174　　　　　图2-175

图2-176

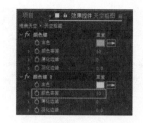

图2-177

07 调整效果如图2-178所示，选择"颜色键2"按快捷键Ctrl+D复制，得到"颜色键3"和"颜色键4"。选择"颜色键3"，设置"主色"值为2792F4，如图2-179所示。选择"颜色键4"，设置"主色"值为DBE4EF，如图2-180所示，设置"颜色键3"和"颜色键4"的"颜色容差"值为50，如图2-181所示。

图2-178

图2-179

图2-180

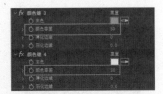

图2-181

图2-186

图2-187

08 此时的效果如图2-182所示,将"项目"面板中的"星空.mp4"拖至"时间轴"面板中,并设置"背景.mp4"图层的"旋转"值为0×+90.0°, "缩放"值为156.0,156.0%,如图2-183所示。

图2-182

图2-183

图2-188

11 打开"四色渐变"效果控件,将"颜色1"~"颜色4"直接吸取背景图中的4种颜色即可,如图2-189所示,调整粒子效果如图2-190所示。选择"纯色1"纯色层,执行"效果"→"风格化"→"发光"命令,调整效果如图2-191所示。

09 此时的效果如图2-184所示,在"时间轴"面板中新建"纯色1"纯色层,如图2-185所示,选择纯色层,执行"效果"→"模拟"→CC Star Burst命令。

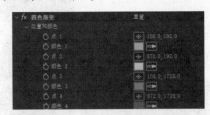

图2-189

图2-184

图2-185

10 此时的效果如图2-186所示,打开CC Star Burst效果控件,设置Scatter参数为600.0,调整参数如图2-187所示,调整效果如图2-188所示。选择"纯色1"纯色层,执行"效果"→"生成"→"四色渐变"命令。

图2-190

图2-191

12 选择"星空.mp4"图层，执行"效果"→"扭曲"→CC Lens命令，选择"星空.mp4"图层，将时间轴移至0:00:01:24，展开CC Lens效果，设置Center值为623.0,540.0，设置Size值为0.0，并单击"时间变化秒表"按钮，如图2-192所示。

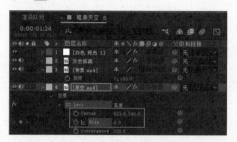

图2-192

13 选择"星空.mp4"图层，将时间轴移至0:00:02:15，展开CC Lens效果，设置Size值为500.0，如图2-193所示，调整效果如图2-194所示。

图2-193   图2-194

14 选择"纯色1"图层，将时间轴移至0:00:01:24的位置，按快捷键Alt+【裁剪前部分，如图2-195所示。将"项目"面板中的"音乐素材.mp3"拖至"时间轴"面板中，如图2-196所示。

图2-195

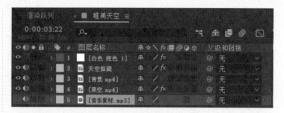

图2-196

15 至此，本例动画制作完毕，按小键盘上的0键预览动画，如图2-197～图2-200所示。

图2-197   图2-198

图2-199   图2-200

通过对本章的学习，我们对图层的相关知识有了深刻的理解，不同的图层类型可以制作出不同的视觉效果，在项目制作中要学会灵活运用各种不同的图层效果，使特效更丰富、绚丽。按住 Shift 键或 Ctrl 键，然后选择图层，可以选择连续的图层和不连续图层。在选择多个图层后，按快捷键 Ctrl+Shift+C，可将所选的几个图层合并。

本章学习了图层的 5 个基本属性，它们分别是锚点属性、位置属性、缩放属性、旋转属性和不透明度属性。这些属性是制作动画时经常用到的，所以要熟练掌握对这些属性设置关键帧动画的方法。

另外，我们还学习了图层的叠加模式，不同的图层叠加模式也会产生不同的视觉效果，本章主要将这些叠加模式归为以下几类：普通模式、变暗模式、变亮模式、叠加模式、差值模式、色彩模式、蒙版模式、共享模式。利用图层的叠加模式可以制作各种特殊的混合效果，且不会损坏原始图像。叠加模式不会影响到单独图层中的色相、明度和饱和度，而只是将叠加后的效果展示在预览"合成"窗口中。我们可以在"时间线"窗口中的图层上右击，然后在弹出的快捷菜单中选择"混合模式"选项，在模式列表中选择相应的模式，或者单击"时间线"窗口中图层后面的模式下拉列表按钮，在该下拉列表中选择相应的模式。利用快捷键 Shift++ 或者 Shift+-，可以快速切换不同的叠加模式。

第3章

文字特效技术

文字在影视后期合成中不仅担负着补充画面信息和媒介交流的角色，同时也是设计师们常用来作为视觉设计的辅助元素，如图 3-1、图 3-2 和图 3-3 所示。文字的制作方法很多，可以使用 Photoshop、Flash、3ds Max 和 Maya 等软件制作出具有一定效果的文字，然后导入 After Effects 中进行场景合成。After Effects 本身也提供了强大的文字特效制作工具和技术，可以直接在 After Effects 中制作绚丽多彩的文字特效。本章主要讲解在 After Effects 2022 中创建文字、编辑文字，以及制作文字特效的方法。

图3-1

图3-2

图3-3

3.1 基础知识讲解

本节主要讲解在 After Effects 2022 中使用文字工具创建文字、对文字图层设置关键帧、对文字图层添加遮罩和路径、创建发光文字以及为文字添加投影的方法。

3.1.1 使用文字工具创建文字

在 After Effects 2022 中可以使用"文字"工具 T 创建文字，也可以使用"文本"命令创建文字。

在"工具"面板中使用"文字"工具 T 即可创建文字。在该工具按钮上单击不放，将弹出一个扩展的工具栏，其中包含两种不同输入方式的文字工具，分别为"横排文字工具"和"直排文字工具"，如图 3-4 所示。选择相应的文字工具后，在"合成"面板中单击并输入文字，如图 3-5 所示。当输入文字后，可以按 Enter 键完成文字的输入。此时系统会自动在"合成"面板中新建一个以文字内容为名称的图层，如图 3-6 所示。

图3-4

图3-5

图3-6

创建文字不仅可以使用单击"文字"工具按钮 T，并在"合成"面板中输入文字的方式，还可以使用"文本"命令创建文字。执行"图层"→"新建"→"文本"命令，或者按快捷键Ctrl+Alt+Shift+T 新建一个文字图层，如图3-7所示，然后在"合成"面板中单击输入文字内容。另外，也可以直接在"时间轴"面板中的空白处右击，然后在弹出的快捷菜单中选择"新建"→"文本"选项，即可创建文字层，如图3-8所示。

图3-7

图3-8

3.1.2　对文字图层设置关键帧

在影视制作中，一般文字都是以动画的形式出现的，所以在创建好文字后需要为文字制作动画效果，本节着重讲解如何为文字设置关键帧动画。

在创建好的内容为 After Effects 2022 的文字图层上单击 按钮，展开文字图层的属性，如图3-9 和图3-10 所示。

图3-9

图3-10

下面讲解文字层的属性。

"源文本"即原始文字，单击可以直接编辑文字内容，字体、大小、颜色等属性在"字符"面板上进行调节，如图3-11 所示。返回文字层属性，"路径选项"可以用来设置文字以指定的路径进行排列，默认为"无"，可以使用"钢笔"工具在文字层上绘制路径，在"路径"下拉列表中会出现"蒙版 1"等选项。"更多选项"中包含锚点分组、填充描边及字符混合模式等选项。和一般图层一样，文字图层也有 5 个基本的变换属性，"锚点""位置""缩放""旋转"和"不透明度"，这些属性都是制作动画时常用的属性。

图3-11

※　锚点：文字的轴心点，可以使文字图层基于该点进行位移、缩放、旋转。

※　位置：用来调节文字所在合成中的位置，可以制作文字的位移动画。

※　缩放：可以使文字放大或缩小，制作文字的缩放动画。

※　旋转：可以调节文字不同的旋转角度，制作文字的旋转动画。

※　不透明度：主要调节文字的不透明度，用于制作文字的透明动画效果。

用户可以对以上属性设置关键帧，制作关键帧动画，具体方法如下。

01 单击属性名称前面的"时间变化秒表"按钮，为该属性添加一个关键帧，并在属性名称后面的参数值中输入合适的参数，如图3-12所示。

02 将时间轴移至另一个时间点，在属性名称后面的参数值中输入合适的参数。此时，时间线会自动记录一个关键帧，如图3-13所示，文字图层的缩放动画制作完成。

图 3-12

图 3-13

3.1.3 对文字图层添加遮罩

在"工具"面板中选择"矩形"工具 ▣，或者按住该工具按钮，在弹出的列表中选择"圆角矩形"工具 ▣、"椭圆"工具 ◉、"多边形"工具 ⬟、"星形"工具 ★，为文字图层添加遮罩。

具体添加遮罩的方法为：在"合成"面板中选择文字图层，单击"工具"面板中的"矩形"工具 ▣（或其列表中的其他形状工具），然后在"合成"面板的文字上单击拖曳出一个矩形，此时可以看到位于矩形范围内的文字依旧显示在"合成"面板中，而位于矩形范围之外的文字就没有显示在合成画面中，如图 3-14 和图 3-15 所示。

下面以图 3-14 为例，查看不同形状的遮罩工具在画面中的效果，如图 3-16 ~ 图 3-19 所示。

图 3-14

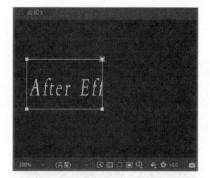

图 3-15

图 3-16

图 3-17

图 3-18

图3-19

为文字图层添加遮罩还可以使用"工具"面板中的"钢笔"工具 ✏️，为其绘制特定的遮罩形状。其使用方法为：在"时间轴"面板中选择文字图层，如图3-20所示，然后选择"工具"面板中的"钢笔"工具 ✏️，并在"合成"面板中绘制遮罩图形，如图3-21所示。

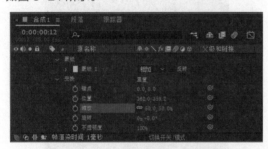

图3-20

图3-21

3.1.4　为文字图层添加路径

如果在文字图层中创建了一个遮罩，就可以以这个遮罩作为该文字图层的路径来制作动画。

作为路径的遮罩可以是封闭的，也可以是开放的。在使用封闭的遮罩作为路径时，需要把遮罩的模式设置为"无"。

用"钢笔"工具在 After Effects 文字图层上绘制一条路径如图 3-22 所示，然后展开文字图层属性中的"路径选项"参数，将"路径"后面的"无"改为"蒙版 1"，如图 3-23 所示。可以看到"合成"面板中的文字已经按照刚才所绘制的路径排列了，如图 3-24 所示。改变路径的形状，文字排列的形式也会发生相应的变化。

图3-22

图3-23

图3-24

下面对"路径"选项的各项属性参数进行详细介绍。

※　路径：用于指定文字图层的排列路径，

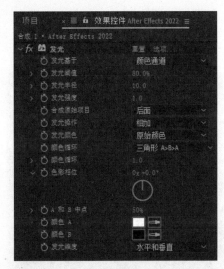

在后面的下拉列表中可以选择作为路径的遮罩。

※ 反转路径：设置是否将路径反转。

※ 垂直于路径：设置是否让文字与路径垂直。

※ 强制对齐：将第一个文字和路径的起点强制对齐，同时让最后一个文字和路径的终点对齐。

※ 首字边距：设置第一个文字相对于路径起点的位置，单位为像素。

※ 末字边距：设置最后一个文字相对于路径终点的位置，单位为像素。

3.1.5 创建发光文字

在制作文字特效时，发光是经常用到的一种文字效果。"发光"特性运用之前和运用之后的文字效果如图3-25和图3-26所示。

图3-25

图3-26

在"时间轴"面板中选择文字图层，执行"效果"→"风格化"→"发光"命令，展开"效果控件"面板，如图3-27所示。

图3-27

下面对发光效果的主要属性参数进行详细介绍。

※ 发光基于：用于指定发光的作用通道，可以从右侧的下拉列表中选择"颜色通道"或"Alpha通道"。

※ 发光阈值：用于设置发光程度，该参数会影响发光的覆盖面。

※ 发光半径：用于设置发光的半径。

※ 发光强度：用于设置发光的强度。

※ 合成原始项目：与原图像混合，可以选择"顶端""后面"或"无"。

※ 发光操作：用于设置与原始素材的混合模式。

※ 发光颜色：用于设置发光的颜色类型。

※ 颜色循环：用于设置色彩循环的数值。

※ 色彩相位：用于设置光的颜色相位。

※ A和B中点：设置发光颜色A和B的中点比例。

※ 颜色A：选择颜色A。

※ 颜色B：选择颜色B。

※ 发光维度：用于指定发光效果的作用方向，包括"水平和垂直""水平"和"垂直"。

3.1.6 为文字添加投影

在创建好的文字上不仅可以添加光效，还可以为其添加投影，使其变得更真实，更具立体感。

下面讲解如何运用"投影"命令为创建好的文字制作投影效果。"投影"效果运用之前和运用之后的文字效果如图3-28和图3-29所示。

图3-28

图3-29

在"时间轴"面板中选择文字图层，执行"效果"→"透视"→"投影"命令，展开"效果控件"面板，如图3-30所示。

图3-30

下面对投影效果的主要属性参数进行详细介绍。

※ 阴影颜色：设置阴影显示的颜色。

※ 不透明度：设置阴影的不透明度数值。

※ 方向：调节阴影的投射角度。

※ 距离：调节阴影的距离。

※ 柔和度：设置阴影的柔化程度。

※ 仅阴影：选中该选项，在画面中只显示阴影，原始素材图像将被隐藏。

3.1.7 实例：汇聚文字特效

本节主要是通过创建文本，调整变换属性，为文字添加发光和运动模糊效果。

01 打开After Effects 2022，执行"合成"→"新建合成"命令，创建一个预设为PAL D1/DV的合成，设置"持续时间"为0:00:03:00，并将其命名为"汇聚文字"，然后单击"确定"按钮，如图3-31所示。

图3-31

02 执行"文件"→"导入"→"文件…"命令，或者按快捷键Ctrl+I，导入"源文件/第3章/3.1.7基础知识讲解/Footage"文件夹中的"01闪光.mov"素材，如图3-32和图3-33所示。

图3-32　　　　　　图3-33

03 在"时间轴"面板中的空白处右击，在弹出的快捷菜单中选择"新建"→"文本"选项。接着在"合成"面板中输入文字A，调整文字在合成中的位置，设置文字"填充颜色"为白色（R:255,G:255,B:255），"字体"为微软雅黑，"文字大小"值为60像素，具体参数设置及在"合成"面板中的对应效果，如图3-34和图3-35所示。

图3-34　　　　　　图3-35

04 采用同样的方法，使用"文字"工具再分别创建f、t、e、r、E、f、f、e、c、t和s文字图层，如图3-36所示，"合成"面板中的对应效果，如图3-37所示。

图3-36

图3-37

05 在"时间轴"面板中单击顶部的文字图层A，然后按住Shift键单击底部的文字图层s，如图3-38所示。将时间轴移至0:00:00:24，然后按P键，再按住Shift键，接着按R键，展开"位置"和"旋转"属性，并为其添加一个关键帧，如图3-39所示。

图3-38

图3-39

06 将时间轴移至0:00:00:00，从上至下分别设置A图层的"位置"值为−79.3，−2.8，"旋转"值为1×+0.0°；f图层的"位置"值为106.7，−47.8，"旋转"值为1×+0.0°；t图层的"位置"值为357.7，−63.8，"旋转"值为1×+0.0°；e图层的"位置"值为581.7−54.8，"旋转"值为1×+0.0°；r图层的"位置"值为755.7，−18.8，"旋转"值为1×+0.0°；E图层的"位置"值为857.7，311.2，"旋转"值为1×+0.0°；f2图层的"位置"值为778.7，638.2，"旋转"值为1×+0.0°；f3图层的"位置"值为602.7，677.2，"旋转"值为1×+0.0°；e2图层的"位置"值为357.7，686.2，"旋转"值为1×+0.0°；c图层的"位置"值为106.7，653.2，"旋转"值为1×+0.0°；

t2图层的"位置"值为-75.3,617.2,"旋转"值为1×+0.0°；s图层的"位置"值为-163.3,287.2，"旋转"值为1×+0.0°；具体参数设置如图3-40和图3-41所示，在"合成"面板中的预览效果，如图3-42所示。

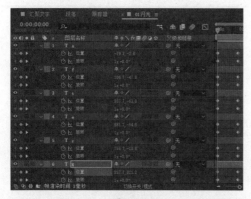

图3-40

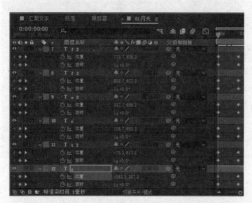

图3-41

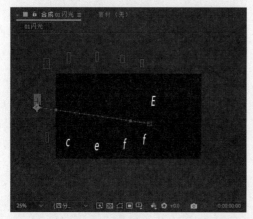

图3-42

07 单击激活所有图层的"运动模糊"按钮，如图3-43所示，此时"合成"面板中的预览效果如图3-44所示。

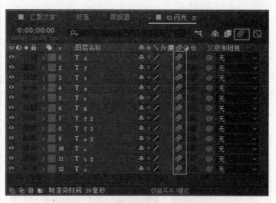

图3-43

图3-44

08 选择A图层将时间轴移至0:00:00:24，执行"效果"→"风格化"→"发光"命令，并在"效果控件"面板中设置"发光阈值"为45.1%，"发光半径"值为21.0，"发光强度"值为2.1，"发光颜色"为"A和B颜色"，"颜色循环"为"锯齿B>A"，"颜色A"为红色（R:252,G:12,B:12），具体参数设置及在"合成"面板中的对应效果，如图3-45和图3-46所示。

图3-45

图3-46

09 选择A图层，在"效果控件"面板中单击"发光"效果，按快捷键Ctrl+C复制该效果，然后选择其他所有文字图层，并在图层上按快捷键Ctrl+V粘贴效果，如图3-47所示，此时"合成"面板中的对应效果，如图3-48所示。

图3-47

图3-48

10 选择A图层，执行"效果"→"透视"→"投影"命令，并在"效果控件"面板中设置"阴影颜色"值为R:241,G:203,B:50，"不透明度"值为100%，"方向"为0×+254.0°，具体参数设置及在"合成"面板中的对应效果，如图3-49和图3-50所示。

图3-49

图3-50

11 选择A图层，在"效果控件"面板中单击"投影"效果，按快捷键Ctrl+C复制该效果，然后选择其他所有文字图层，并在图层上按快捷键Ctrl+V粘贴效果，如图3-51所示，此时"合成"面板中的对应效果，如图3-52所示。

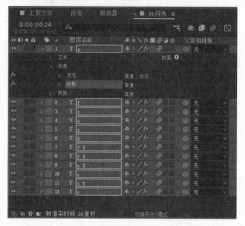

图3-51

图3-52

12 将"项目"面板中的"01闪光.mov"视频素材拖至"时间轴"面板中,并设置"01闪光.mov"的图层叠加模式为"饱和度","缩放"值为150.0,150.0%,在"合成"面板中调整图层至合适的位置,如图3-53和图3-54所示。

图3-53

图3-54

13 将时间轴移至0:00:00:00,在"01闪光.mov"

图层上按T键展开"不透明度"属性,设置"不透明度"值为0%,并单击属性名称前面的"时间变化秒表"按钮⏱,为"不透明度"属性添加一个关键帧,如图3-55和图3-56所示。

图3-55

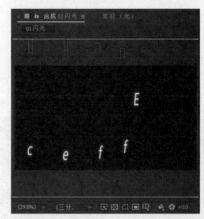

图3-56

14 将时间轴移至0:00:00:13,设置"01闪光.mov"图层的"不透明度"值为50%,具体参数设置及在"合成"面板中的对应效果,如图3-57和图3-58所示。

图3-57

图3-58

15 至此，本例动画制作完毕，按小键盘上的0键预览动画，如图3-59~图3-62所示。

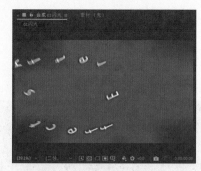

图3-59

图3-60

图3-61

图3-62

3.2 基础文字动画

本节主要讲解几种基础文字效果的制作方法，包括文字过光特效、波浪文字特效、破碎文字特效的制作方法。

3.2.1 制作文字过光特效

文字过光特效是片头字幕动画中一种常用的效果，能大幅增强画面的亮点，提升画面的视觉效果。

下面讲解一种比较简单且常用的过光特效——CC Light Sweep（CC扫光），先来看看CC Light Sweep（CC扫光）特效运用之前和运用之后的效果对比，如图3-64和图3-64所示。

图3-63

图3-64

具体创建方法为：选中"时间轴"面板上文字所在图层，执行"效果"→"生成"→CC Light Sweep命令，如图3-65所示。文字在被赋予CC Light Sweep（CC扫光）特效后，会在当前图层的"效果控件"面板中出现CC Light Sweep（CC扫光）的效果属性，如图3-66所示。

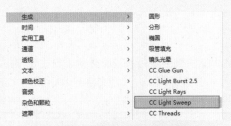

图3-65

图3-66

下面对 CC Light Sweep（CC 扫光）效果的主要属性参数进行详细介绍。

※ Center（中心）：调整光效中心的参数，同其他特效中心位置调整的方法相同，可以通过参数调整，也可以单击 Center 后面的■按钮，然后在"合成"窗口中进行调整。

※ Direction（方向）：可以用来调整扫光光线的角度。

※ Shape（形状）：调整扫光形状和类型，包括 Sharp、Smooth 和 Liner 3 个选项。

※ Width（宽度）：调整扫光光柱的宽度。

※ Sweep Intensity（扫光强度）：控制扫光的强度。

※ Edge Intensity（边缘强度）：调整扫光光柱边缘的强度。

※ Edge Thickness（边缘厚度）：调整扫光光柱边缘的厚度。

※ Light Color（光线颜色）：调整扫光光柱的颜色。

※ Light Reception（光线融合）：设置光柱与背景之间的叠加方式，其后的下拉列表中包含"Add（叠加）""Composite（合成）"和"Cutout（切除）"3 个选项，在不同情况下需要扫光与背景有不同的叠加方式。

3.2.2 制作波浪文字特效

波浪文字特效就是使文字动起来，产生类似水波荡漾的效果。在 After Effects 2022 中常用于制作波浪文字特效的效果是"波形变形"。"波形变形"特效运用前后的效果对比如图 3-67 和图 3-68 所示。

图3-67

图3-68

波浪文字的创建方法为：在"时间轴"面板中选择文字图层，执行"效果"→"扭曲"→"波形变形"命令，如图 3-69 所示。文字在被赋予"波形变形"命令后，会在当前图层的"效果控件"面板中出现"波形变形"的效果属性，如图 3-70 所示。

图3-69

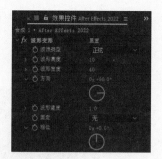

图3-70

下面对波形变形效果的主要属性参数进行详细介绍。

※ 波浪类型：可以设置不同形状的波形类型。

※ 波形高度：设置波形的高度。

※ 波形宽度：设置波形的宽度。

※ 方向：调整波动的角度。

※ 波形速度：设置波动速度，可以按该速度自动波动。

※ 固定：设置图像边缘的各种类型，可以分别控制某个边缘，从而带来很大的灵活性。

※ 相位：设置波动相位。

※ 消除锯齿：选择消除锯齿的强度。

3.2.3 制作破碎文字特效

破碎文字特效是指把一个整体的文本变成无数的文字碎片，该效果能增强画面的冲击力，给人一种震撼的视觉效果。下面讲解"碎片"特效的制作方法。

先来看"碎片"特效的效果，如图 3-71 和图 3-72 所示。

图3-71

图3-72

具体操作方法为：在"时间轴"面板中选择文字图层，执行"效果"→"模拟"→"碎片"命令，如图3-73所示。文字图层在被赋予"碎片"特效后，会在当前图层的"效果控件"面板中出现"碎片"的效果属性，如图 3-74 所示。

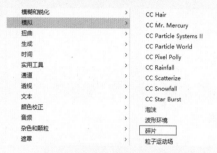

图3-73

图3-74

下面对碎片效果的主要属性参数进行详细介绍。

※ 视图：该下拉列表中包含各种质量的预览效果，其中"已渲染"效果为质量最好的预览效果，可以实现参数操作的实时预览。此外，还有各种形式的线框预览方式，选择不同的预览方式不影响视频特效的渲染结果，可以根据计算机硬件配置选择合适的预览方式。

※ 渲染：设置渲染类型，包括"全部""图层"和"块"3种类型。

※ 形状：控制和调整爆炸后碎片的形状。其中包括各种形状的选项，可以根据效果选择合适的爆炸后的碎片形状。此外，还可以调整爆炸碎片的重复、方向、源点、突出深度等参数。

※ 作用力1/作用力2：调整爆炸碎片脱离后的受力情况，包括"位置""深度""半径"和"强度"等参数。

※ 渐变：控制爆炸的时间。

※ 物理学：包括控制碎片的"旋转速度""倾覆轴""随机性"和"重力"等参数，这也是调整爆炸碎片效果的一项很重要的属性。

※ 纹理：控制碎片的纹理材质。

除此之外，"碎片"属性面板中还包括"摄像机位置""灯光"和"材质"等高级调整参数。

3.2.4　实例：水是万物之源

本实例通过调整文本的变换属性，添加"发光"和"阴影"效果使文字效果更加真实，最后添加"波形变形"等效果制作文字动画。

01 打开After Effects 2022，执行"合成"→"新建合成"命令，创建一个预设为PAL D1/DV的合成，设置"持续时间"为0:00:04:00，并将其命名为"水是万物之源"，然后单击"确定"按钮，如图3-75所示。

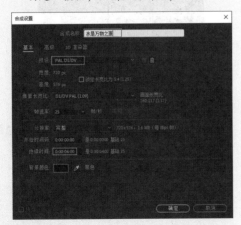

图3-75

02 执行"文件"→"导入"→"文件…"命

令，或者按快捷键Ctrl+I，导入"源文件/第3章/ 3.2.4基础文字动画/Footage"文件夹中的"水.mp4"和"水滴.mp4"素材，如图3-76和图3-77所示。

图3-76　　　　　　图3-77

03 将"项目"面板中的"水.mp4"和"水滴.mp4"素材按顺序拖至"时间轴"面板中，并设置"水.mp4"图层的"不透明度"值为50%，叠加模式为"相加"，如图3-78所示。然后在"水滴.mp4"图层上右击，在弹出的快捷菜单中选择"时间"→"时间伸缩"选项，在弹出的对话框中将"新持续时间"设置为0:00:04:00，具体参数设置如图3-79所示，"合成"面板中的对应效果如图3-80所示。

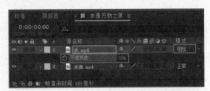

图3-78

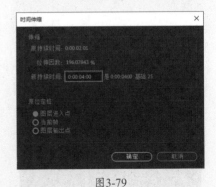

图3-79

04 在"时间轴"面板中的空白处右击，在弹出的快捷菜单中选择"新建"→"文本"选项，在"合成"面板中输入"水是万物之源"文字，设置"字体"为"黑体"，"文字大小"值为60像素，"填充颜色"为黄色（R:246,G:223,B:117），并单击"斜体"按钮。选择文字图层设置其"位置"值为353,349，具体参数设置及在"合成"面板中的对应效果，如图3-81和图3-82所示。

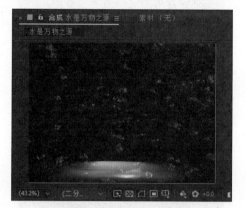

图3-80

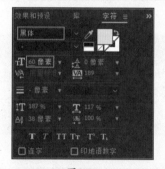

图3-81

图3-82

05 在"时间轴"面板中选择"水是万物之源"文字图层，执行"效果"→"风格化"→"发光"命令，并在"效果控件"面板中设置"发光阈值"为47.1%，"发光半

径"值为65.0，具体参数设置及在"合成"面板中的对应效果，如图3-83和图3-84所示。

图3-83

图3-84

06 执行"效果"→"透视"→"投影"命令，并在"效果控件"面板中设置"阴影颜色"为淡粉色（R:248,G:222,B:206），"方向"值为0×+132.0°，"距离"值为6.0，具体参数设置及在"合成"面板中的对应效果，如图3-85和图3-86所示。

图3-85

图3-86

07 在"时间轴"面板中选择"水是万物之源"文字图层，执行"效果"→"扭曲"→"波形变形"命令，并在"效果控件"面板中设置"波形速度"值为2.0，将时间轴移至0:00:01:04，设置"波形高度"值为0，并单击"时间变化秒表"按钮 ⟁，为"波形高度"属性添加一个关键帧，如图3-87所示。在"时间轴"面板中按U键，展开已设置关键帧的属性，如图3-88所示。

图3-87

图3-88

08 将时间轴移至0:00:01:09，设置"波形高度"值为3；在0:00:01:18，设置"波形高度"值为61；在0:00:02:13，设置"波形高度"值为7；最后在0:00:02:19，设置"波形高度"值为0，如图3-89所示。

图3-89

09 展开"水是万物之源"文字图层的变换属性，将时间轴移至0:00:01:04，单击"时间变化秒表"按钮 ⟁，为"位置"和"不透明度"属性分别添加一个关键帧，并设置"位置"值为353.0,200.0，"不透明度"值为0%，具体参数设置及在"合成"面板中的对应效果，如图3-90和图3-91所示。将时间轴移至0:00:02:02，设置"位置"值为353.0,349.0，"不透明度"值为100%，具体参数设置及在"合成"面板中的对应效果，如图3-92和图3-93所示。

图3-90

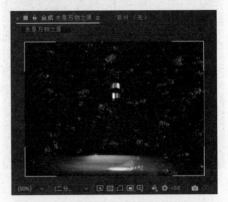

图3-91

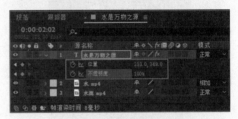

图3-92

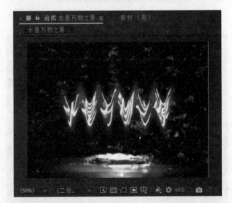

图3-93

10 在"时间轴"面板中选择"水是万物之源"文字图层，执行"效果"→"生成"→CC Light Sweep命令，将时间轴移至0:00:02:11，并在"效果控件"面板中设置"Center（中心）"值为-85.0,144.0，单击"时间变化秒表"按钮 ⟁，为"Center（中心）"属性添加一个关键帧，然后设置"Sweep Intensity（扫光强度）"值为100.0，参数设置如图3-94所示；接着将时间轴移至0:00:03:10，设置"Center（中心）"值为577.0,144.0，参数设置如图3-95所示。

图3-94

图3-95

11 在"时间轴"面板中，选择"水滴.mov"图层，按T键显示"不透明度"属性，将时间轴移至0:00:02:13，设置"不透明度"值为100%，并单击"时间变化秒表"按钮，为"不透明度"属性添加一个关键帧，如图3-96所示。再将时间轴移至0:00:03:07，设置"不透明度"值为0%，如图3-97所示。

图3-96

图3-97

12 在"水滴.mov"图层上右击，在弹出的快捷菜单中选择"时间"→"启用时间重映射"选项，然后在"时间轴"面板的"水滴.mov"图层下方可以看到"时间重映射属性"，并自动在时间线的起始位置和终点位置生成两个关键帧，接着将终点位置的关键帧拖至0:00:03:07，如图3-98所示。

图3-98

13 至此，本例动画制作完毕，按小键盘上的0键预览动画，效果如图3-99～图3-102所示。

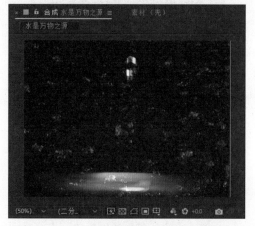

图3-99

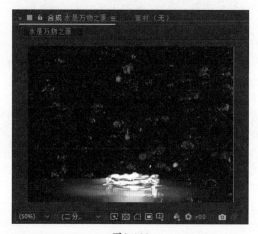

图3-100

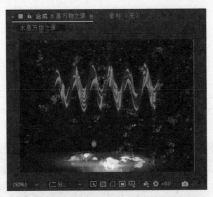

图3-101

图3-102

3.3 高级文字动画

　　高级文字动画是在基础文字动画的基础上进行的技术提升，动画制作略比基础文字动画复杂，在熟练掌握基础文字动画制作的前提下学习本节内容，会达到事半功倍的效果。本节主要通过两个实例——金属文字片头特效和梦幻光影文字特效，对高级文字动画制作进行详细介绍。

3.3.1 实例：制作金属文字片头特效

　　本实例主要通过调整文本的变换属性，为其添加"梯度渐变"和"斜面 Alpha"效果，使文本产生明暗变化，然后添加"色调""曲线"等效果，设置文本动画，最后添加 CC Light Sweep 特性设置动画，具体的操作流程如下。

01 打开After Effects 2022，执行"合成"→"新建合成"命令，创建一个自定义大小为960×540的D1/DV PAL(1.09)合成，设置"持

续时间"为0:00:05:00，并将其命名为"金属文字"，然后单击"确定"按钮，如图3-103所示。

图3-103

02 执行"文件"→"导入"→"文件…"命令，或者按快捷键Ctrl+I，导入"源文件/第3章/3.3高级文字动画/3.3.1金属文字片头特效的制作/Footage"文件夹中的"重金属版.mov"素材，如图3-104和图3-105所示。

图3-104　　　　　　图3-105

03 将"项目"面板中的"重金属版.mov"素材拖至"时间轴"面板，选中该图层执行"图层"→"变换"→"适合复合"命令，将视频尺寸适配到合成大小，如图3-106所示。

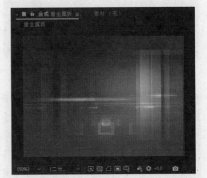

图3-106

04 在"时间轴"面板中的空白处右击，然后在

弹出的快捷菜单中选择"新建"→"文本"
选项，在"合成"面板中输入"设计构思说
明"文字，设置"字体"为"微软雅黑"，
"文字大小"值为40像素，"填充颜色"为
白色（R:255,G:255,B:255），选择文字图层
设置其"位置"值为366.0,362.0，具体参数
设置及在"合成"面板中的对应效果，如图
3-107和图3-108所示。

图3-107

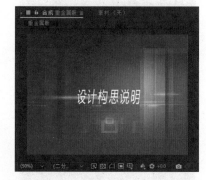

图3-108

05 在"时间轴"面板中选择"设计构思说明"
文字图层，执行"效果"→"生成"→"梯
度渐变"命令，在"效果控件"面板中设
置"渐变起点"值为504.0,218.0，"渐变终
点"值为502.0,343.0，具体参数设置及在"合
成"面板中的对应效果，如图3-109和图3-110
所示。

图3-109

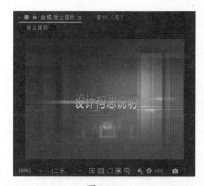

图3-110

06 在"时间轴"面板中选中"设计构思说明"
文字图层，执行"效果"→"透视"→"斜
面Alpha"命令，并在"效果控件"面板中设
置"边缘厚度"值为0.90，具体参数设置及在
"合成"面板中的对应效果，如图3-111和图
3-112所示。

图3-111

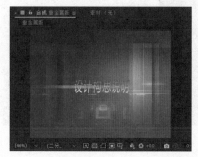

图3-112

07 选中"设计构思说明"文字图层，执行"效
果"→"颜色校正"→"曲线"命令，并在
"效果控件"面板中设置曲线参数，将曲线
的形状调节为如图3-113所示的状态（调节曲
线时，在曲线上单击可以添加节点，然后可
拖动节点改变曲线形状），设置完曲线后的
文字效果如图3-114所示。

08 在"时间轴"面板中选择"设计构思说明"
文字图层，执行"图层"→"预合成"命令
（快捷键为Ctrl+Shift+C），弹出"预合成"
对话框，设置新合成的名称为"设计构思说
明Comp"，单击"确定"按钮完成嵌套，如

图3-115所示。

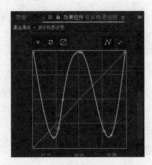

图3-113

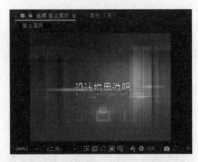

图3-114

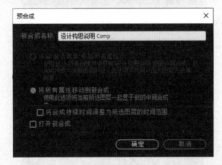

图3-115

09 选择嵌套后的文字图层"设计构思说
明Comp",执行"效果"→"颜色校
正"→"色调"命令,并在"效果控件"
面板中设置"将黑色映射到"为黑色
(R:0,G:0,B:0),"将白色映射到"为黄色
(R:255,G:252,B:79),具体参数设置及在
"合成"面板中的对应效果,如图3-116和图
3-117所示。

图3-116

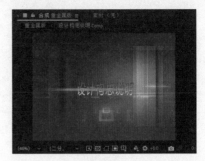

图3-117

10 选择嵌套后的文字图层"设计构思说
明Comp",执行"效果"→"颜色校
正"→"曲线"命令,并在"效果控件"面
板中设置曲线的参数,将曲线的形状调节为
如图3-118所示的状态,设置完曲线后的文字
效果如图3-119所示。

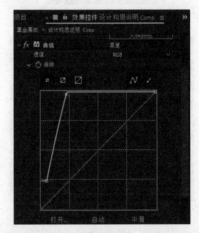

图3-118

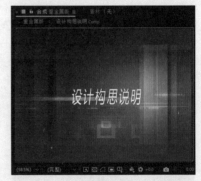

图3-119

11 选择嵌套后的文字图层"设计构思说明
Comp",执行"效果"→"透视"→"投
影"命令,在"效果控件"面板中设置"阴
影颜色"为黑色(R:0,G:0,B:0),具体参数

设置及在"合成"面板中的对应效果,如图
3-120和图3-121所示。

图3-120

图3-121

12 在"时间轴"面板中选择嵌套后的文字图层
"设计构思说明Comp",并展开文字图层的
变换属性,将时间轴移至0:00:00:00,单击
"时间变化秒表"按钮 ◎,为"位置""缩
放"和"不透明度"属性分别添加一个关
键帧。设置"位置"值为413.0,270.0,"缩
放"值为281.0,281%,"不透明度"值为
0%,具体参数设置及在"合成"面板中的对
应效果,如图3-122和图3-123所示。将时间
轴移至0:00:00:05,设置"不透明度"值为
100%,具体参数设置及在"合成"面板中的
对应效果,如图3-124和图3-125所示。最后
将时间轴移至0:00:00:15,设置"位置"值为
363.0,270.0,"缩放"值为100.0,100%,具体
参数设置及在"合成"面板中的对应效果,
如图3-126和图3-127所示。

图3-122

图3-123

图3-124

图3-125

图3-126

13 在"时间轴"面板中选择嵌套后的文字
图层"设计构思说明Comp",执行"效
果"→"生成"→CC Light Sweep命令,
将时间轴移至0:00:01:05,并在"效果控
件"面板中设置"Center(中心)"值为
182.0,181.0,单击"时间变化秒表"按钮
◎,为"Center(中心)"属性添加一个关键
帧,再设置"Sweep Intensity(扫光强度)"

值为100.0，参数设置如图3-128所示。接着将时间轴移至0:00:02:10，设置"Center（中心）"值为895.0,180.0，参数设置如图3-129所示。

图3-127

图3-128

图3-129

14 至此，本例动画制作完毕，按小键盘上的0键预览动画，效果如图3-130～图3-133所示。

图3-130

图3-131

图3-132

图3-133

3.3.2　实例：制作梦幻光影文字特效

本实例主要通过新建纯色层，并为其添加"分形杂色"和"色阶"效果和动画，然后导入素材，新建文本，为文本添加"复合模糊""置换图"等效果，最终制作出梦幻光影文字效果。

01 打开After Effects 2022，执行"合成"→"新建合成"命令，创建一个预设为PAL D1/DV的合成，设置"持续时间"为0:00:05:00，

并将其命名为"梦幻光影"，然后单击"确
定"按钮，如图3-134所示。

图3-134

02 在"梦幻光影"合成的"时间轴"面板中执
行"图层"→"新建"→"纯色"命令，或
者按快捷键Ctrl+Y创建一个纯色层，并将其命
名为"梦幻光影"，如图3-135所示。

图3-135

03 在"时间轴"面板中选择"梦幻光影"图
层，执行"效果"→"杂色和颗粒"→"分
形杂色"命令，并在"效果控件"面板中
设置"对比度"值为200，"溢出"为"剪
切"，"复杂度"值为2.1，具体参数设置及
在"合成"面板中的对应效果，如图3-136和
图3-137所示。

图3-136

图3-137

04 选择"梦幻光影"图层，然后执行"效
果"→"颜色校正"→"色阶"命令，并
在"效果控件"面板中设置"通道"为"红
色"，"红色灰度系数"值为1.10，"红色输
出黑色"值为186.0，具体参数设置及在"合
成"面板中的对应效果，如图3-138和图3-139
所示。

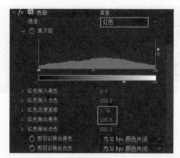

图3-138

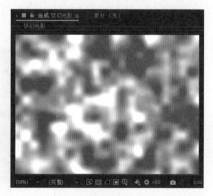

图3-139

05 设置"梦幻光影"图层关键帧动画。将时间
轴移至0:00:00:00，设置"分形杂色"中的
"演化"值为1×+0.0°，并单击"时间变化
秒表"按钮◎，为"演化"属性添加一个关
键帧。将时间轴移至0:00:01:10，设置"演

化"值为1×+150.0°。接着将时间轴移至0:00:00:10，设置"不透明度"值为100%，并单击"时间变化秒表"按钮🕐，为"不透明度"属性添加一个关键帧。最后将时间轴移至0:00:01:10，设置"不透明度"值为0.0%，具体关键帧设置如图3-140所示。

图3-140

06 按快捷键Ctrl+N，创建新的合成，并将其命名为"梦幻光影文字特效"，然后将"梦幻光影"合成从"项目"面板拖至"梦幻光影文字特效"合成的"时间轴"面板中，并将其隐藏，如图3-141所示。

图3-141

07 执行"文件"→"导入"→"文件…"命令，或者按快捷键Ctrl+I，导入"源文件/第3章/3.3高级文字动画/3.3.2梦幻光影文字特效的制作/Footage"文件夹中的04.mp4素材，如图3-142和图3-143所示。

图3-142　　　　图3-143

08 将"项目"面板中的04.mp4素材拖入"时间轴"面板，并设置"位置"值为360.0,306.0，"缩放"值为118.0,118.0%，具体参数设置及在"合成"面板中的对应效果，如图3-144和图3-145所示。

图3-144

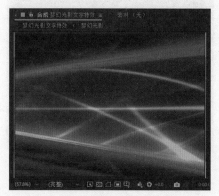

图3-145

09 在"时间轴"面板中的空白处右击，然后在弹出的快捷菜单中选择"新建"→"文本"选项，在"合成"面板中输入After Effects文字，设置"字体"为"微软雅黑"，"文字大小"值为55像素，"填充颜色"为浅粉色（R:255,G:228,B:200），选择文字图层设置其"位置"值为361.0,389.0，具体参数设置及在"合成"面板中的对应效果，如图3-146和图3-147所示。

图3-146　　　　图3-147

10 在"时间轴"面板中选择After Effects文字图层，执行"效果"→"模糊和锐化"→"复合模糊"命令，并在"效果控件"面板中设置"模糊图层"为"2.梦幻光影"，然后设置"最大模糊"值为30.0，具体参数设置及在"合成"面板中的对应效果，如图3-148和图3-149所示。

图3-148

图3-149

11 在"时间轴"面板中选择After Effects文字图层，执行"效果"→"扭曲"→"置换图"命令，并在"效果控件"面板中设置"置换图层"为"2.梦幻光影"，"用于水平/垂直置换"为"明亮度"，"最大水平置换"值为−35.0，"最大垂直置换"值为95.0，"置换图特性"为"伸缩对应图以适合"，选中"像素回绕"复选框，具体参数设置及在"合成"面板中的对应效果，如图3-150和图3-151所示。

图3-150

图3-151

12 选择After Effects 2022文字图层，执行"效果"→"风格化"→"发光"命令，并在"效果控件"面板中设置"发光阈值"为8.0%，"发光半径"值为85.0，"发光强度"值为2.5，"发光颜色"为"A和B颜色"，"颜色A"为浅粉色（R:255,G:228,B:200），"颜色B"为橘色（R:255,G:66,B:0），具体参数设置及在"合成"面板中的对应效果，如图3-152和图3-153所示。

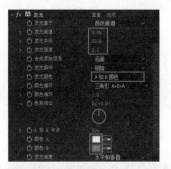

图3-152

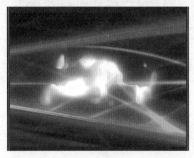

图3-153

13 选择After Effects 2022文字图层，设置图层叠加模式为"强光"，然后执行"效果"→"透视"→"投影"命令，在"效果控件"面板中设置"不透明度"值为100%，"距离"值为8.0，"柔和度"值为5.0，具体参数设置及在"合成"面板中的对应效果，如图3-154和图3-155所示。

图3-154

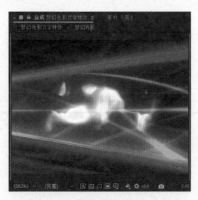

图3-155

14 选择After Effects 2022文字图层，将时间轴移至0:00:00:00，设置"不透明度"值为0%，并单击"时间变化秒表"按钮◎，为"不透明度"属性添加一个关键帧，如图3-156所示。再将时间轴移至0:00:00:05，设置"不透明度"值为100%，如图3-157所示。至此，本例动画制作完毕。

图3-156

图3-157

3.4 **综合实例：华丽的霓虹灯文字特效**

本实例首先创建文字图层和形状图层，然后添加"填充""斜面和浮雕"等特效，使文字效果更加逼真，最后添加"发光""快速方框模糊"和"阴影"效果，最终得到华丽的霓虹灯文字效果。

01 打开After Effects 2022，执行"合成"→"新建合成"命令，创建一个预设为HDTV 1080 25的合成，如图3-158所示。

图3-158

02 执行"文件"→"导入"→"文件…"命令，或者按快捷键Ctrl+I，导入"源文件/第3章/3.4综合实战/Footage"文件夹中的"背景.jpg"图片素材，如图3-159和图3-160所示。

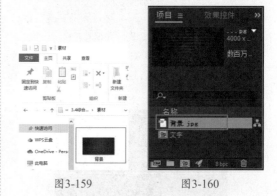

图3-159   图3-160

03 将"项目"面板中的"背景.jpg"拖至"时间轴"面板，按S键展开"缩放"属性，设置"缩放"值为53.0,53.0%，如图3-161所示，调整效果如图3-162所示。

图3-161

04 选择"背景.jpg"图层，按快捷键Ctrl+D复制一层并命名为"地面"，并单击激活其"三维图层"按钮◎，如图3-163所示。选择"地面"图层按R键调出"旋转"属性，按快捷键Shift+P和快捷键Shift+S调出"位置"和"缩放"属性并调整参数，如图3-164所示，调整效果如图3-165所示。

图3-162

图3-163

图3-164

图3-165

05 在"时间轴"面板中新建"形状图层1"，选中"形状图层1"，在"工具"面板中选择"添加"工具，为其添加"矩形"和"描边"，如图3-166所示，调整效果如图3-167所示。

图3-166

图3-167

06 选择"形状图层1"展开"矩形路径"属性，单击关闭"大小"属性的"约束比例"按钮，设置"大小"值为1000.0,400.0，设置"圆度"值为72.0，展开"描边1"属性，设置"描边宽度"值为6.0，调整参数如图3-168所示，调整效果如图3-169所示。

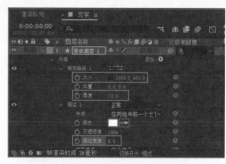

图3-168

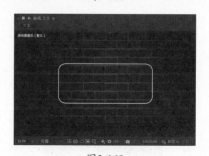

图3-169

07 选择"形状图层1"，在"工具"面板中选择"添加"工具，为其添加"修剪路径"，如图3-170所示，展开"修剪路径"属性，设置"结束"和"偏移"值分别为84.0%，0×+136.0°，调整参数如图3-171所示，调整效果如图3-172所示。

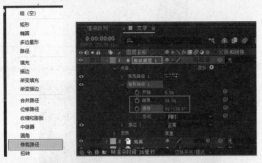

图3-170　　　　　　图3-171

图3-175

10 在"时间轴"面板中新建"形状图层2"，在"工具"面板中选择"添加"工具，为其添加"椭圆"和"描边"，如图3-176所示，调整效果如图3-177所示。

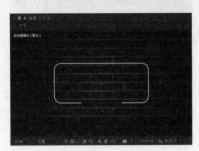

图3-172

图3-176　　　　　　图3-177

08 选择"工具"面板中的"横排文字"工具，输入"潮流咖啡"文字，如图3-173所示。

11 选择"形状图层2"，展开"描边1"属性，设置"描边宽度"值为6.0，调整参数如图3-178所示，调整效果如图3-179所示。

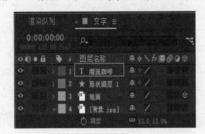

图3-173

09 选中文字将其放置于"形状图层1"的中心，调整参数如图3-174所示，调整效果如图3-175所示。

图3-178

图3-174

图3-179

12 选择"形状图层2"，按P键展开"位置"属性，设置"位置"值为827.0,737.0，调整参数如图3-180所示，调整效果如图3-181所示。

图3-180

图3-181

13 选择"形状图层2"，按快捷键Ctrl+D复制出"形状图层3"和"形状图层4"，设置"形状图层3"的"位置"值为971.0,737.0，"形状图层4"的"位置"值为1104.0,737.0，调整参数如图3-182所示，调整效果如图3-183所示。

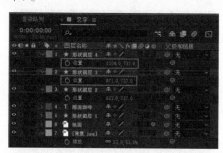

图3-182

图3-183

14 选择"工具"面板中的"横排文字"工具，依次输入"制""作"和"中"三字，调整参数如图3-184所示，调整效果如图3-185所示。

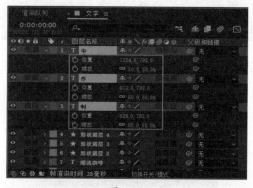

图3-184

图3-185

15 选择"形状图层1"～"形状图层4"和"潮流咖啡""制""作""中"文字图层，并预合成，将其预合成命名为"霓虹灯"，如图3-186所示。

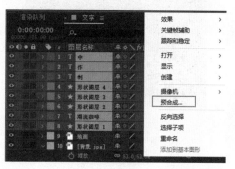

图3-186

16 打开"霓虹灯"合成，选择"形状图层1"～"形状图层4"，设置"描边颜色"值为31D3F0，调整参数如图3-187，调整效果如图3-188所示。

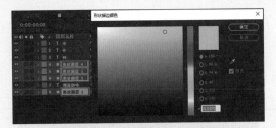

图3-187

图3-188

17 选择"潮流咖啡""制""作"和"中"文字图层,设置"文本颜色"值为F37F29,设置参数如图3-189所示,调整效果如图3-190所示。

图3-189

图3-190

18 将"潮流咖啡"文字图层放置于顶层,如图3-191所示,在"项目"面板中选择"霓虹灯"合成,按快捷键Ctrl+D复制一层,将其命名为"霓虹灯 关灯",如图3-192所示。

图3-191

图3-192

19 将"项目"面板中的"霓虹灯 关灯"图层拖至"时间轴"面板中,选中"霓虹灯"合成并单击"可视"按钮 ⊙,如图3-193所示。选择"霓虹灯 关灯"合成,执行"效果"→"生成"→"填充"命令。

图3-193

20 打开"填充"属性,设置"填充颜色"值为757575,如图3-194所示,调整效果如图3-195所示。

图3-194

图3-195

21 选择"霓虹灯 关灯"合成,在"时间轴"面板右击,在弹出的快捷菜单中选择"图层样

式"→"斜面和浮雕"选项，调整效果如图
3-196所示。

图3-196

22 选择"霓虹灯 关灯"合成，执行"效
果"→"透视"→"投影"命令，打开"投
影"属性，设置"距离"值为6.0，调整参数
如图3-197所示，调整效果如图3-198所示。

图3-197

图3-198

23 选择"霓虹灯"合成，单击"可视"按钮
█，调整参数如图3-199所示。

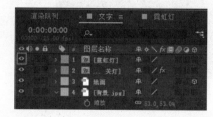

图3-199

24 选择"霓虹灯 关灯"合成，执行"效
果"→"风格化"→"发光"命令，调整效
果如图3-200所示。

图3-200

25 打开"发光"属性，单击"发光"效果，按
快捷键Ctrl+D复制一层"发光2"，选择"发
光2"，设置"发光半径"值为120.0，调整参
数如图3-201所示，调整效果如图3-202所示。

图3-201

图3-202

26 在"时间轴"面板中选择"霓虹灯"合成，
按快捷键Ctrl+D复制一层，将其命名为"霓
虹灯 墙面阴影"，调整参数如图3-203所示。
选择"霓虹灯 墙面阴影"合成，执行"效
果"→"模糊和锐化"→"快速方框模糊"
命令。

图3-203

27 打开"快速方框模糊"属性，设置"模糊半
径"值为120.0，调整参数如图3-204所示，调
整效果如图3-205所示。

图3-204

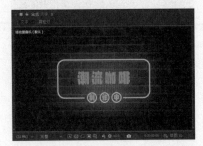

图3-205

28 选择"霓虹灯 墙面阴影"合成,将其模式调整为"相加"模式,如图3-206所示,调整效果如图3-207所示。

图3-206

图3-207

29 在"时间轴"面板中选择"霓虹灯"合成,按快捷键Ctrl+D复制一层,将其命名为"霓虹灯 地面阴影",并单击激活"三维图层"按钮 ,如图3-208所示。

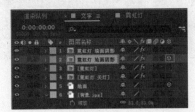

图3-208

30 选择"霓虹灯 地面阴影"合成,按P键调

出"位置"属性,再按快捷键Shift+R,调出"旋转"属性,设置"位置"值为960.0,1091.0,380.0,设置"X轴旋转"值为0×+90.0°,调整参数如图3-209所示。选择"霓虹灯 地面阴影"合成,执行"效果"→"模糊和锐化"→"快速方框模糊"命令。

图3-209

31 打开"快速方框模糊"属性,设置"模糊半径"值为70.0,调整参数如图3-210所示,调整效果如图3-211所示。

图3-210

图3-211

32 选择"霓虹灯 地面阴影"合成,将其模式调整为"相加"模式,如图3-212所示。

图3-212

33 调整效果如图3-213所示,将"霓虹灯"合成放置于顶层,如图3-214所示。

34 打开"霓虹灯"合成,选择"形状图层1"图层,将时间轴移至0:00:01:00,按快捷键Alt+【裁剪前面部分,如图3-215所示。

After Effects 2022特效合成完全实战技术手册

图3-213

图3-214

图3-215

35 选择"形状图层2",将时间轴移至
0:00:01:05,按快捷键Alt+【裁剪前面部分,
如图3-216所示。

图3-216

36 选择"形状图层3",将时间轴移至
0:00:01:10,按快捷键Alt+【裁剪前面部分,
如图3-217所示。

图3-217

37 选择"形状图层4",将时间轴移至
0:00:01:15,按快捷键Alt+【裁剪前面部分,
如图3-218所示。

图3-218

38 选择"制"文字图层,将时间轴移至
0:00:01:20,按快捷键Alt+【裁剪前面部分,
如图3-219所示。

图3-219

39 选择"作"文字图层,将时间轴移至
0:00:02:00,按快捷键Alt+【裁剪前面部分,
如图3-220所示。

图3-220

40 选择"中"文字图层,将时间轴移至
0:00:02:05,按快捷键Alt+【裁剪前面部分,
如图3-221所示。

图3-221

41 选择"潮流咖啡"文字图层,将时间轴移至
0:00:02:10,按快捷键Alt+【裁剪前面部分,
如图3-222所示。

图3-222

42 选择"潮流咖啡"文字图层,展开"文本"属性,单击"动画"按钮,在弹出的菜单中选择"不透明度"选项,添加"不透明度"动画效果,如图3-223所示。展开"动画制作工具1"→"范围选择器1"属性,将时间轴移至0:00:02:10,设置"不透明度"值为0%,设置"起始"值为0%,并单击"时间变化秒表"按钮 ,如图3-224所示。

图3-223

图3-224

43 将时间轴移至0:00:03:00,设置"起始"值为100%,并选择两个关键帧按F9键设置为"缓入缓出",如图3-225所示,调整效果如图3-226所示。

图3-225

图3-226

44 至此,本例制作完毕,最终效果如图3-227~图3-230所示。

图3-227

图3-228

图3-229

图3-230

After Effects 2022特效合成完全实战技术手册

通过对本章的学习，了解了创建文字、编辑文字、对文字图层进行关键帧设置、为文字添加遮罩蒙版和路径，以及如何创建发光文字、如何对文字添加投影等方法，可以制作出多种风格的文字效果和绚丽多彩的文字动画。

创建文字的方法有多种，在"时间轴"窗口中的空白处右击，然后在弹出的快捷菜单中选择"新建"→"文本"选项，快捷键为Ctrl+Shift+Alt+T，即可创建文本层。或者使用"文字"工具直接在"合成"窗口中输入文字。

在"合成"窗口中选择需要重新编辑的文字，也可以双击文字图层来全选文字，然后在"字符"面板中修改文字的字体、大小、颜色等属性，还可以为文字图层中的基本属性添加关键帧，制作出多种动画效果。

本章还列举了几个基础文字动画实例：汇聚文字特效、文字过光特效、波浪文字特效、破碎文字特效的制作。这些基础文字动画有助于大家学会实际运用和操作文字特效，培养对文字动画制作的兴趣。

本章还提供了两个高级文字动画实例——金属文字片头特效和梦幻光影文字特效。这两个实例主要是为了在学会文字基础动画的基础上进行能力提升，使文字特效的运用更娴熟，也能更好地增强文字特效的视觉效果。

第4章

调色技法

　　在影片的前期拍摄中，拍摄出来的画面由于受到自然环境、拍摄设备以及摄影师等客观因素的影响，拍摄出来的画面通常与真实效果有一定的偏差，这样就需要对画面进行调色处理，最大限度地还原其本来面目，如图 4-1 和图 4-2 所示。影片调色功能是 After Effects 2022 中较为简单的模块，可以使用单个或多个调色特效调整出漂亮的颜色效果。这些效果广泛应用于影视、广告中，起到美化画面、渲染气氛的作用，如图 4-3 和图 4-4 所示。

图 4-1　　　　　　　　　　　　　　图 4-2

图 4-3　　　　　　　　　　　　　　图 4-4

4.1　初识颜色校正调色

　　颜色校正效果组主要用于调整画面的颜色。After Effects 2022 中的颜色校正效果组中提供了更改颜色、亮度和对比度、颜色平衡等多种颜色校正效果，本章挑选了其中比较常用的效果进行讲解。

4.2　颜色校正调色的主要效果

　　本节讲解颜色校正调色的 3 个常用效果——色阶效果、曲线效果、色相 / 饱和度效果。

4.2.1 色阶效果

色阶效果主要是通过重新分布输入颜色的级别来获取一个新的颜色输出范围，以达到修改图像亮度和对比度的目的。

此外，使用色阶可以扩大图像的动态范围，即相机能记录的图像亮度范围，还具有查看和修正曝光，以及提高对比度等作用。

选择图层，执行"效果"→"颜色校正"→"色阶"命令，然后在"效果控件"面板中展开"色阶"效果的参数，如图4-5所示。

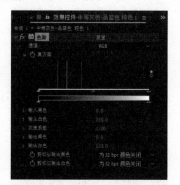

图4-5

下面对色阶效果的主要属性参数进行详细介绍。

※ 通道：选择要修改的通道，可以分别对RGB通道、红色通道、绿色通道、蓝色通道和Alpha通道的色阶进行单独调整。

※ 直方图：通过直方图可以观察到各个影调的像素在图像中的分布情况。

※ 输入黑色：可以控制输入图像中的黑色阈值。

※ 输入白色：可以控制输入图像中的白色阈值。

※ 灰度系数：调节图像影调的阴影和高光的相对值。

※ 输出黑色：控制输出图像中的黑色阈值。

※ 输出白色：控制输出图像中的白色阈值。

4.2.2 曲线效果

曲线效果可以对画面整体或单独颜色通道的色调范围进行精确控制。

选择图层，执行"效果"→"颜色校正"→"曲线"命令，然后在"效果控件"面板中展开"曲线"效果的参数，如图4-6所示。

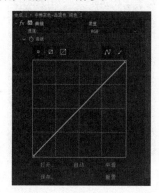

图4-6

下面对曲线效果的主要属性参数进行详细介绍。

※ 通道：选择要调整的通道，包括RGB通道、红色通道、绿色通道、蓝色通道和Alpha通道。

※ 曲线：手动调节曲线上的控制点，X轴方向表示输入原像素的亮度，Y轴方向表示输出像素的亮度。

※ ◢曲线工具：使用该工具可以在曲线上添加节点，并且可以任意拖动节点，如需删除节点，只要将选择的节点拖曳出曲线图之外即可。

※ ◢铅笔工具：使用该工具可以在坐标图上任意绘制曲线。

※ ▦▦▦ 小、中、大视图：用来调整曲线视图的大小。

4.2.3 色相/饱和度效果

色相/饱和度效果可以调整某个通道颜色的色相、饱和度及亮度，即对图像的某个色域局部进行调节。

选择图层，执行"效果"→"颜色校正"→"色相/饱和度"命令，然后在"效果控件"面板中展开"色相/饱和度"效果的参数，如图4-7所示。

下面对色相/饱和度效果的主要属性参数进行详细介绍。

※ 通道控制：可以指定所要调节的颜色通道，如果选择"主"选项表示对所有颜色应用效果，还可以单独选择红色、黄色、

绿色、青色和洋红等颜色。

图4-7

※ 通道范围：显示通道受效果影响的范围。
上面的颜色条表示调色前的颜色，下面
的颜色条表示在全饱和度下调整后的
颜色。

※ 主色相：调整主色调，可以通过相位调
整轮来调整。

※ 主饱和度：控制所调节颜色通道的饱
和度。

※ 主亮度：控制所调节颜色通道的亮度。

※ 彩色化：调整图像为彩色图像。

※ 着色色相：调整图像彩色化后的色相。

※ 着色饱和度：调整图像彩色化后的饱
和度。

※ 着色亮度：调整图像彩色化后的亮度。

4.2.4 实例：风景校色

本实例通过为素材添加色阶、色相／饱和度等
效果，使照片颜色更真实，具体的操作步骤如下。

01 打开After Effects 2022，执行"合成"→"新
建合成"命令，创建一个预设为PAL D1/DV
的合成，设置"持续时间"为0:00:03:00，
并将其命名为"风景校色"，然后单击"确
定"按钮，如图4-8所示。

02 执行"文件"→"导入"→"文件…"命
令，或者按快捷键Ctrl+I，导入"源文件/第4
章/4.2.4颜色校正调色主要效果/Footage"文
件夹中的"风景.png"图片素材文件，如图
4-9和图4-10所示。

图4-8

图4-9

图4-10

03 将"项目"面板中的"风景.png"图片素材拖
至"时间轴"面板中，将图片适配到合成大
小，如图4-11所示。

图4-11

04 在"时间轴"面板中选择"风景.png"图层，
执行"效果"→"颜色校正"→"色阶"命
令，并在"效果控件"面板中设置"输入黑
色"值为45.0，"灰度系数"值为1.20，具体

参数设置及在"合成"面板中的对应效果，如图4-12和图4-13所示。

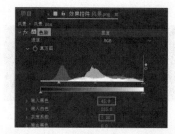

图4-12

图4-13

05 继续选择"风景.png"图层，执行"效果"→"颜色校正"→"色相/饱和度"命令，并在"效果控件"面板中设置"主饱和度"值为-17，"主亮度"值为-32，具体参数设置及在合成面板中的对应效果，如图4-14和图4-15所示。

图4-14

图4-15

06 选择"风景.png"图层，执行"效果"→"颜色校正"→"曲线"命令，并在"效果控件"面板中设置曲线，将曲线的形状调节为如图4-16所示的状态（调节曲线时，在曲线上单击可以添加一个节点，然后拖动节点可以改变曲线的形状），设置曲线后的最终效果如图4-17所示，本例制作完毕。

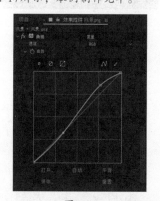

图4-16

图4-17

4.3 颜色校正调色常用效果

本节将详细讲解颜色校正的9种常用效果，分别是色调效果、三色调效果、照片滤镜效果、颜色平衡效果、颜色平衡（HLS）效果、曝光度效果、通道混合器效果以及阴影/高光效果。

4.3.1 色调效果

色调效果用于调整图像中包含的颜色信息，在最亮和最暗之间确定融合度，可以将画面中的黑色部分及白色部分替换成自定义的颜色。

选择图层，执行"效果"→"颜色校正"→"色调"命令，然后在"效果控件"面板中展开"色调"效果的参数，如图4-18所示。

图4-18

下面对色调效果的主要属性参数进行详细介绍。

※ 将黑色映射到：映射黑色到某种颜色。

※ 将白色映射到：映射白色到某种颜色。

※ 着色数量：设置染色的作用程度，0%表示完全不起作用，100%表示完全作用于画面。

4.3.2 三色调效果

三色调效果与色调效果的用法相似，只是多了一个中间颜色，可以将画面中的阴影、中间调和高光进行颜色映射，从而更换画面的色调。

选择图层，执行"效果"→"颜色校正"→"三色调"命令，然后在"效果控件"面板中展开"三色调"效果的参数，如图4-19所示。

图4-19

下面对三色调效果的主要属性参数进行详细介绍。

※ 高光：调整高光的颜色。

※ 中间调：调整中间调的颜色。

※ 阴影：调整阴影的颜色。

※ 与原始图像混合：设置效果层与来源层的融合程度。

4.3.3 照片滤镜效果

照片滤镜效果就像为素材加入一个滤色镜，以便和其他颜色统一起来。

选择图层，执行"效果"→"颜色校正"→"照片滤镜"命令，然后在"效果控件"面板中展开"照片滤镜"效果的参数，如图4-20所示。

图4-20

下面对照片滤镜效果的主要属性参数进行详细介绍。

※ 滤镜：可以从右侧的下拉列表中选择各种常用的有色镜头滤镜。

※ 颜色：当"滤镜"属性使用"自定义"选项时，可以指定滤镜的颜色。

※ 密度：设置重新着色的强度，值越大，效果越明显。

※ 保持发光度：选中该选项时，可以在过滤颜色的同时，保持原始图像的明暗分布层次。

4.3.4 颜色平衡效果

颜色平衡效果可以对图像的暗部、中间调和高光部分的红、绿、蓝通道分别进行调整。

选择图层，执行"效果"→"颜色校正"→"颜色平衡"命令，然后在"效果控件"面板中展开"颜色平衡"效果的参数，如图4-21所示。

图4-21

下面对颜色平衡效果的主要属性参数进行详细介绍。

※ 阴影红色/绿色/蓝色平衡：在阴影通道中调整颜色的范围。

※ 中间调红色/绿色/蓝色平衡：调整RGB

色彩的中间亮度范围的平衡。

※ 高光红色/绿色/蓝色平衡：在高光通道中调整RGB色彩的高光范围平衡。

※ 保持发光度：保持图像颜色的平均亮度。

4.3.5 颜色平衡（HLS）效果

颜色平衡（HLS）效果通过调整色相、饱和度和亮度参数对素材图像的颜色进行调节，以控制图像色彩平衡。

选择图层，执行"效果"→"颜色校正"→"颜色平衡（HLS）"命令，然后在"效果控件"面板中展开"颜色平衡（HLS）"效果的参数，如图4-22所示。

图4-22

下面对颜色平衡（HLS）效果的主要属性参数进行详细介绍。

※ 色相：调整图像的色相。

※ 亮度：调整图像的亮度，值越大，图像越亮。

※ 饱和度：调整图像的饱和度，值越大，饱和度越高，图像颜色越鲜艳。

4.3.6 曝光度效果

曝光度效果主要是用来调节画面的曝光程度，可以对RGB通道分别进行曝光。

选择图层，执行"效果"→"颜色校正"→"曝光度"命令，然后在"效果控件"面板中展开"曝光度"效果的参数，如图4-23所示。

图4-23

下面对曝光度效果的主要属性参数进行详细介绍。

※ 通道：选择需要调整曝光的通道，包括"主要通道"和"单个通道"两种类型。

※ 曝光度：设置图像的整体曝光程度。

※ 偏移：设置图像整体色彩的偏移程度。

※ 灰度系数校正：设置图像伽马准度。

※ 红色/绿色/蓝色：分别用来调整RGB通道的曝光度、偏移和灰度系数校正数值，只有在设置通道为"单个通道"的情况下，这些属性才被激活。

4.3.7 通道混合器效果

通道混合器效果可以使当前图层的亮度为蒙版，调整另一个通道的亮度，并作用于当前图层的各个色彩通道。使用该效果可以制作出普通校色滤镜不容易制作出的效果。

选择图层，执行"效果"→"颜色校正"→"通道混合器"命令，然后在"效果控件"面板中展开"通道混合器"效果的参数，如图4-24所示。

图4-24

下面对通道混合器效果的主要属性参数进行详细介绍。

※ 红色/绿色/蓝色-红色/绿色/蓝色/恒量：代表不同的颜色调整通道，表现增强或减弱通道的效果。恒量用来调整通道的对比度。

※ 单色：选中该选项后，将把彩色图像转换为灰度图。

4.3.8 阴影/高光效果

阴影/高光效果可以单独处理图像的阴影和高

光区域，是一种高级调色效果。

选择图层，执行"效果"→"颜色校正"→"阴影/高光"命令，然后在"效果控件"面板中展开"阴影/高光"效果的参数，如图4-25所示。

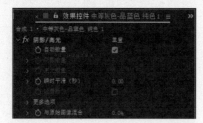

图4-25

下面对阴影/高光效果的主要属性参数进行详细介绍。

※ 自动数量：自动取值，分析当前画面颜色，从而调整画面的明暗关系。

※ 阴影数量：暗部取值，只针对画面的暗部进行调整。

※ 高光数量：亮部取值，只针对图像的亮部进行调整。

※ 瞬时平滑：设置阴影和高光的瞬时平滑度，只在自动数量被激活的状态，该选项才有效。

※ 场景检测：侦测场景画面的变化。

※ 更多选项：对画面的暗部和亮部进行更多的设置。

※ 与原始图像混合：设置效果层与来源层的融合程度。

4.3.9　实例：旅游景点校色

本实例主要通过调整素材的变换属性，为其添加颜色平衡、三色调等效果，使素材更符合旅游景色的风格，具体的操作步骤如下。

01 打开After Effects 2022，执行"合成"→"新建合成"命令，创建一个预设为PAL D1/DV的合成，设置"持续时间"为0:00:05:00，并将其命名为"旅游景点校色"，然后单击"确定"按钮，如图4-26所示。

02 执行"文件"→"导入"→"文件…"命令，或者按快捷键Ctrl+I，导入"源文件/第4章/4.3.9颜色校正调色的常用效果/Footage"文件夹中的"旅游景点.avi"视频素材文件，

如图4-27和图4-28所示。

图4-26

图4-27

图4-28

03 将"项目"面板中的"旅游景点.avi"视频素材拖至"时间轴"面板中，选中该图层将时间轴移至最后一帧，接着按S键显示其"缩放"属性，然后设置"缩放"值为104.0,104.0%，具体参数设置及在"合成"面板中的对应效果，如图4-29和图4-30所示。

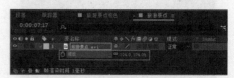

图4-29

04 在"时间轴"面板中选择"旅游景点.avi"图层，执行"效果"→"颜色校正"→"颜色

平衡"命令，并在"效果控件"面板中设置
"阴影红色平衡"值为30.0，"中间调绿色
平衡"值为10.0，"中间调蓝色平衡"值为
−11.0，"高光绿色平衡"值为38.0，具体参
数设置及在"合成"面板中的对应效果，如
图4-31和图4-32所示。

图4-30

图4-31

图4-32

05 在"时间轴"面板中继续选择"旅游景
点.avi"图层，执行"效果"→"颜色校
正"→"三色调"命令，并在"效果控件"
面板中设置"与原始图像混合"值为68.0%，
具体参数设置及在"合成"面板中的对应效

果，如图4-33和图4-34所示。

图4-33

图4-34

06 选择"旅游景点.avi"图层，执行"效
果"→"颜色校正"→"曝光度"命令，并
在"效果控件"面板中设置"曝光度"值为
−1.70，"灰度系数校正"值为1.80，具体参
数设置及在"合成"面板中的对应效果，如
图4-35和图4-36所示。

图4-35

图4-36

07 选择"旅游景点.avi"图层，执行"效

果"→"颜色校正"→"照片滤镜"命令，并在"效果控件"面板中设置"密度"值为30.0%，具体参数设置及在"合成"面板中的对应效果，如图4-37和图4-38所示。

图4-37

图4-38

08 至此，本例制作完毕，校色之前与校色之后的效果对比如图4-39和图4-40所示。

图4-39

图4-40

4.4 颜色校正调色其他效果

前面介绍了颜色校正调色的主要效果和常用效果，本节将继续讲解颜色校正调色的一些其他效果。这些效果包括亮度和对比度效果、保留颜色效果、灰度系数/基值/增益效果、色调均化效果、颜色链接效果、更改颜色效果、更改为颜色效果、PS任意映射效果、颜色稳定器效果、自动颜色效果、自动色阶效果、自动对比度效果。

4.4.1 亮度和对比度效果

亮度和对比度效果用于调整画面的亮度和对比度，可以同时调整所有像素的亮部、暗部和中间色，但不能对单一通道进行调节。

选择图层，执行"效果"→"颜色校正"→"亮度和对比度"命令，然后在"效果控件"面板中展开"亮度和对比度"效果的参数，如图4-41所示。

图4-41

下面对亮度和对比度效果的主要属性参数进行详细介绍。

※ 亮度：调节图像的亮度值，数值越大图像越亮。

※ 对比度：调节图像的对比度值，数值越大对比越强烈。

4.4.2 保留颜色效果

保留颜色效果可以去除素材图像中指定颜色外的其他颜色。

选择图层，执行"效果"→"颜色校正"→"保留颜色"命令，然后在"效果控件"面板中展开"保留颜色"效果的参数，如图4-42所示。

下面对保留颜色效果的主要属性参数进行详细介绍。

※ 脱色量：设置脱色程度，当值为100%时，

图像完全脱色，显示为灰色。

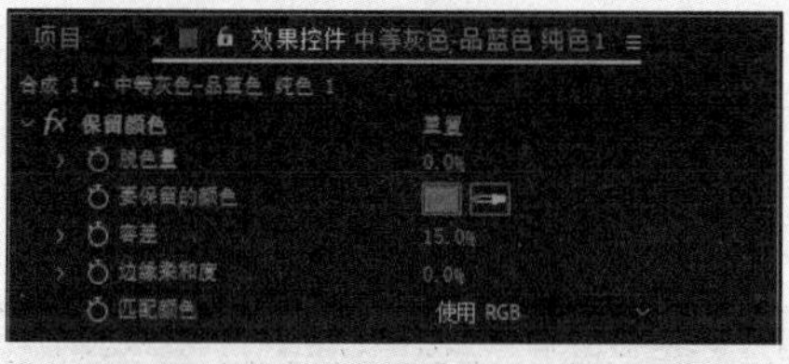

图4-42

※ 要保留的颜色：选择需要保留的颜色。

※ 容差：设置颜色的相似度。

※ 边缘柔和度：消除颜色与保留颜色之间的边缘柔化程度。

※ 匹配颜色：选择颜色匹配的方式，可以使用 RGB 和色相两种方式。

4.4.3 色调均化效果

色调均化效果可以使图像变化平均化，自动以白色取代图像中最亮的像素，以黑色取代图像中最暗的像素，然后取得一个最亮与最暗之间的阶调像素。

选择图层，执行"效果"→"颜色校正"→"色调均化"命令，然后在"效果控件"面板中展开"色调均化"效果的参数，如图 4-43 所示。

图4-43

下面对色调均化效果的主要属性参数进行详细介绍。

※ 色调均化：指定平均化的方式，可以选择 RGB、"亮度"和"Photoshop 样式"3种方式。

※ 色调均化量：设置重新分布亮度值的百分比。

4.4.4 颜色链接效果

颜色链接效果可以根据周围的环境改变素材的颜色，对两个层的素材色调进行统一。

选择图层，执行"效果"→"颜色校正"→"颜色链接"命令，然后在"效果控件"面板中展开"颜色链接"效果的参数，如图 4-44 所示。

图4-44

下面对颜色链接效果的主要属性参数进行详细介绍。

※ 源图层：选择需要与颜色匹配的图层。

※ 示例：选取颜色取样点的调整方式。

※ 剪切：设置被指定采样百分比的最高值和最低值，该参数对清除图像的杂点非常有效。

※ 模板原始 Alpha：选取原稿的透明模板，如果原稿中没有 Alpha 通道，通过抠像也可以产生类似的透明区域。

※ 不透明度：调整统一色调后的不透明度。

※ 混合模式：从右侧的下拉列表中选择所选颜色图层的混合模式。

4.4.5 颜色稳定器效果

颜色稳定器效果可以在素材的某一帧上采集暗部、中间调和亮调色彩，其他帧的色彩保持采集帧色彩的数值。

选择图层，执行"效果"→"颜色校正"→"颜色稳定器"命令，然后在"效果控件"面板中展开"颜色稳定器"效果的参数，如图 4-45 所示。

图4-45

下面对颜色稳定器效果的主要属性参数进行详细介绍。

※ 稳定：选择颜色稳定的形式，包括"亮度""色阶"和"曲线"3 种形式。

※ 黑场：指定稳定所需的最暗点。

※ 中点：指定稳定所需的中间颜色。

※ 白场：指定稳定所需的最亮点。

※ 样本大小：调节样本区域的范围大小。

4.4.6 自动颜色效果

自动颜色效果根据图像的高光、中间色和阴影色的值，调整原图像的对比度和色彩。在默认情况下，自动颜色效果使用 RGB 为 128 的灰度值作为目标色来压制中间色的色彩范围，并降低 5% 阴影和高光的像素值。

选择图层，执行"效果"→"颜色校正"→"自动颜色"命令，然后在"效果控件"面板中展开"自动颜色"效果的参数，如图 4-46 所示。

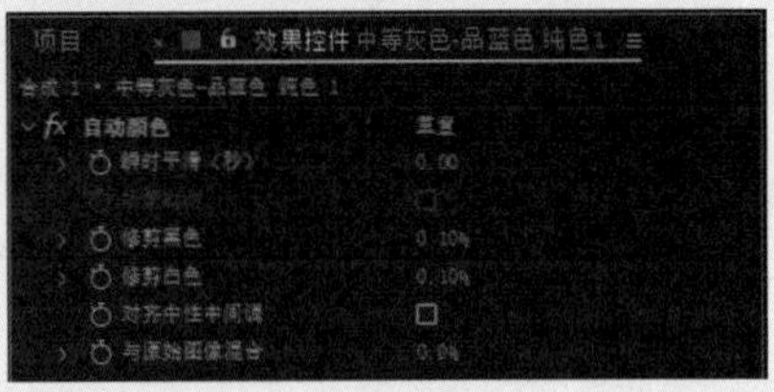

图4-46

下面对自动颜色效果的主要属性参数进行详细介绍。

※ 瞬时平滑：指定围绕当前帧的持续时间，再根据设置的时间确定对与周围帧有联系的当前帧的矫正操作。例如将值设置为 2，那么系统将对当前帧的前一帧和后一帧各用 1 秒时间来分析，然后确定一个适当的色阶来调当前帧。

※ 场景检测：设置瞬时平滑，忽略不同场景中的帧。

※ 修剪黑色：缩减阴影部分的图像，可以加深阴影。

※ 修剪白色：缩减高光部分的图像，可以提高高光部分的亮度。

※ 对齐中性中间调：确定一个接近中性色彩的平均值，然后分析亮度值使图像整体色彩适中。

※ 与原始图像混合：设置效果与原始图像的混合程度。

4.4.7 自动色阶效果

自动色阶效果用于自动设置高光和阴影，通

过在每个存储白色和黑色的色彩通道中定义最亮和最暗的像素，然后按比例分布中间像素值。

选择图层，执行"效果"→"颜色校正"→"自动色阶"命令，然后在"效果控件"面板中展开"自动色阶"效果的参数，如图 4-47 所示。

图4-47

下面对自动色阶效果的主要属性参数进行详细介绍。

※ 瞬时平滑：指定围绕当前帧的持续时间，再根据设置的时间确定对与周围帧有联系的当前帧的矫正操作。

※ 场景检测：设置瞬时平滑忽略不同场景中的帧。

※ 修剪黑色：缩减阴影部分的图像，可以加深阴影。

※ 修剪白色：缩减高光部分的图像，可以提高高光部分的亮度。

※ 与原始图像混合：设置效果与原始图像的混合程度。

4.4.8 实例：制作旧色调效果

本实例主要是通过调整素材的变换属性，然后添加保留颜色、自动颜色等效果，使素材贴合旧色调的风格，具体的操作步骤如下。

01 打开After Effects 2022，执行"合成"→"新建合成"命令，创建一个预设为PAL D1/DV 的合成，设置"持续时间"为0:00:03:00，并将其命名为"旧色调效果"，然后单击"确定"按钮，如图4-48所示。

02 执行"文件"→"导入"→"文件…"命令，或者按快捷键Ctrl+I，导入"源文件/第4章/4.4.8颜色校正调色的其他效果/Footage"文件夹中的"红果.jpg"图片素材文件，如图4-49和图4-50所示。

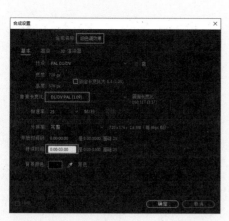

图4-48

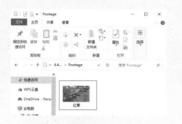

图4-49

图4-50

03 将"项目"面板中的"红果.jpg"素材拖至"时间轴"面板，选中该图层先按P键，然后再按住Shift键加按S键，显示其"位置"和"缩放"属性，最后设置"位置"值为364.0,335.0，"缩放"值为115.0,115.0%，具体参数设置及在"合成"面板中的对应效果，如图4-51和图4-52所示。

图4-51

图4-52

04 在"时间轴"面板中选择"红果.jpg"图层，执行"效果"→"颜色校正"→"保留颜色"命令，并在"效果控件"面板中单击"吸管工具"按钮![icon]，然后在"合成"面板中单击蓝色区域，吸取蓝的RGB值为R:18,G:100,B:71，再设置"脱色量"值为100.0%，"容差"值为0.0%。具体参数设置及在"合成"面板中的对应效果，如图4-53和图4-54所示。

图4-53

图4-54

05 继续选择"红果.jpg"图层，执行"效果"→"颜色校正"→"自动颜色"命令，并在"效果控件"面板中设置"瞬时平滑"值为1.30，"修剪黑色"值为1.50%，"修剪白色"值为4.00%，并选中"对齐中性中间调"复选框，具体参数设置及在"合成"面板中的对应效果，如图4-55和图4-56所示，本例制作完毕。

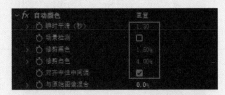

图4-55

图4-56

4.5 通道效果调色

通道效果在实际应用中非常有效，通常与其他效果相互配合来控制、抽取、插入和转换一个图像的通道。本节将讲解以下几种通道效果的调色方法：CC Composite（CC混合模式处理）效果、反转效果、复合运算效果、固态层合成效果、混合效果、算术效果、通道合成器效果、最小/最大效果。

4.5.1 CC Composite（CC 混合模式处理）效果

CC Composite（CC 混合模式处理）效果主要用于对自身的通道进行混合。

选择图层，执行"效果"→"通道"→ CC Composite 命令，然后在"效果控件"面板中展开 CC Composite 效果的参数，如图 4-57 所示。

图4-57

下面对 CC Composite 效果的主要属性参数进行详细介绍。

※ Opacity（不透明度）：调节图像混合模式的不透明度。

※ Composite Original（原始合成）：可以从右侧的下拉列表中选择任何一种混合模式，对图像本身进行混合处理。

※ RGB Only（仅 RGB）：选中该选项，只对 RGB 色彩进行处理。

4.5.2 反转效果

反转效果用于转化图像的颜色信息，用于反转颜色通常有很好的颜色效果。

选择图层，执行"效果"→"通道"→"反转"命令，然后在"效果控件"面板中展开"反转"效果的参数，如图 4-58 所示。

图4-58

下面对反转效果的主要属性参数进行详细介绍。

※ 通道：从右侧的下拉列表中选择应用反转效果的通道。

※ 与原始图像混合：调整与原图像的混合程度。

4.5.3 复合运算效果

复合运算效果可以将两个图层通过运算的方式混合，实际上与层模式相同，而且比应用层模式更有效、更方便。这个效果主要为了兼容以前版本的 After Effects 效果。

选择图层，执行"效果"→"通道"→"复合运算"命令，然后在"效果控件"面板中展开"复合运算"效果的参数,如图 4-59 所示。

图4-59

下面对复合运算效果的主要属性参数进行详细介绍。

- ※ 第二个源图层:选择混合的第二个图像层。
- ※ 运算符:从右侧的下拉列表中选择一种运算方式,其效果与层模式相同。
- ※ 在通道上运算:可以选择 RGB、ARGB 和 Alpha 通道。
- ※ 溢出特性:选择对超出允许范围的像素值的处理方法,可以选择"剪切""回绕"和"缩放"三种。
- ※ 伸缩第二个源以适合:如果两个层的尺寸不同,进行伸缩以适应。
- ※ 与原始图像混合:设置与源图像的融合程度。

4.5.4 固态层合成效果

固态层合成效果,提供一种非常快捷的方式在原始素材层的后面,将一种色彩填充与原始图像进行合成,得到一种固态色合成的融合效果。用户可以控制原始素材层的不透明度以及填充合成图像的不透明度,还可以选择应用不同的混合模式。

选择图层,执行"效果"→"通道"→"固态层合成"命令,然后在"效果控件"面板中展开"固态层合成"效果的参数,如图 4-60 所示。

图4-60

下面对固态层合成效果的主要属性参数进行

详细介绍。

- ※ 源不透明度:调整原素材层的不透明度。
- ※ 颜色:指定新填充图像的颜色,当指定一种颜色后,通过设置不透明度可以对源层进行填充。
- ※ 不透明度:控制新填充图像的不透明度。
- ※ 混合模式:选择原素材层与新填充图像的混合模式。

4.5.5 混合效果

混合效果可以通过 5 种方式将两个层融合。与使用层模式类似,但是使用层模式不能设置动画,而混合效果最大的好处是可以设置动画。

选择图层,执行"效果"→"通道"→"混合"命令,然后在"效果控件"面板中展开"混合"效果的参数,如图 4-61 所示。

图4-61

下面对混合效果的主要属性参数进行详细介绍。

- ※ 与图层混合:指定对本层应用混合的层。
- ※ 模式:选择混合方式,其中包括"交叉淡化""仅颜色""仅色调""仅变暗""仅变亮"5 种方式。
- ※ 与原始图像混合:设置与原始图像的混合程度。
- ※ 如果图层大小不同:当两个层尺寸不一致时,可以选择"居中"(进行居中对齐)和"伸缩以适合"两种方式。

4.5.6 算术效果

算术效果称为"通道运算",对图像中的红、绿、蓝通道进行简单的运算,通过调节不同色彩通道的信息,可以制作出各种曝光效果。

选择图层,执行"效果"→"通道"→"算术"命令,然后在"效果控件"面板中展开"算术"效果的参数,如图 4-62 所示。

图4-62

下面对算术效果的主要属性参数进行详细介绍。

※ 运算符：控制图像像素的值与用户设置的值之间的数值运算。

※ 红色值：应用计算中的红色通道数值。

※ 绿色值：应用计算中的绿色通道数值。

※ 蓝色值：应用计算中的蓝色通道数值。

※ 剪切：选中"剪切结果值"选项用来防止设置的颜色值超出所有功能函数项的限定范围。

4.5.7　通道合成器效果

通道合成器效果可以提取、显示以及调整图像中不同的色彩通道，可以模拟出各种光影效果。

选择图层，执行"效果"→"通道"→"通道合成器"命令，然后在"效果控件"面板中展开"通道合成器"效果的参数，如图4-63所示。

图4-63

下面对通道合成器效果的主要属性参数进行详细介绍。

※ 源选项：选择是否混合另一个图层。当选中"使用第二个图层"复选框后，可以在源图层下拉列表中选择从另外一个图层获取图像的色彩信息，而且此图像必须在同一个合成中。

※ 源图层：作为合成信息的来源，当选中"使用第二个图层"复选框时，可以从中提取一个图层的通道信息，并将其混合到当前图层，并且来源层的图像不会显示在最终画面中。

※ 自：指定第二层中图像通道信息混合的类型，系统自带多种混合类型。

※ 至：指定第二层中图像通道信息的应用方式。

※ 反转：反转应用效果。

※ 纯色Alpha：该选项决定是否创建一个不透明的Alpha通道，用于替换原始的Alpha通道。

4.5.8　最小/最大效果

最小/最大效果用于对指定的通道进行最小值或最大值的填充。"最大"以该范围内最亮的像素填充；"最小"以该范围内最暗的像素填充，而且可以设置方向为水平或垂直，可以选择的应用通道十分灵活，效果出众。

选择图层，执行"效果"→"通道"→"最小/最大"命令，然后在"效果控件"面板中展开"最小/最大"效果的参数，如图4-64所示。

图4-64

下面对最小/最大效果的主要属性参数进行详细介绍。

※ 操作：选择作用方式，可以选择"最大值""最小值""先最小值再最大值"和"先最大值再最小值"4种方式。

※ 半径：设置作用半径，也就是效果的程度。

※ 通道：选择应用的通道，可以对R、G、B和Alpha通道单独作用，这样不会影响画面的其他元素。

※ 方向：可以选择3种不同的方向（水平和垂直、仅水平和仅垂直方向）。

※ 不要收缩边缘：选中该选项可以不收缩图像的边缘。

4.5.9　实例：海滩黄昏效果

本实例主要是通过为素材添加算术、固态层等效果，调整出海滩黄昏的颜色效果，具体的操作步骤如下。

01 打开After Effects 2022, 执行"合成"→"新建合成"命令, 创建一个预设为PAL D1/DV的合成, 设置"持续时间"为0:00:03:00, 并将其命名为"海滩黄昏", 然后单击"确定"按钮, 如图4-65所示。

图4-65

02 执行"文件"→"导入"→"文件…"命令, 或者按快捷键Ctrl+I, 导入"源文件/第4章/4.5.9通道效果调色/Footage"文件夹中的"海滩.jpg"图片素材文件, 如图4-66和图4-67所示。

图4-66

图4-67

03 将"项目"面板中的"海滩.jpg"图片素材拖至"时间轴"面板, 选中该图层, 执行"图

层"→"变换"→"适合复合"命令, 将图片适配到合成大小, 如图4-68所示。

图4-68

04 在"时间轴"面板中选择"海滩.jpg"图层, 执行"效果"→"通道"→"算术"命令, 并在"效果控件"面板中设置"运算符"为"相加", "红色值"为23, 具体参数设置及在"合成"面板中的对应效果, 如图4-69和图4-70所示。

图4-69

图4-70

05 继续选择"海滩.jpg"图层, 执行"效果"→"通道"→"固态层合成"命令, 并在"效果控件"面板中设置"源不透明度"值为60.0%, "颜色"为淡粉色(R:241,G:153,B:114), "不透明度"值为60.0%, 具体参数设置及在"合成"面板中的

对应效果，如图4-71和图4-72所示。

图4-71

图4-72

06 选择"海滩.jpg"图层，执行"效果"→"颜色校正"→"色相/饱和度"命令，并在"效果控件"面板中设置"主色相"值为0×−5.0°，"主饱和度"值为11，"主亮度"值为−19，具体参数设置及在"合成"面板中的对应效果，如图4-73和图4-74所示。

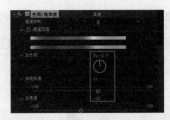

图4-73

图4-74

07 在"时间轴"面板中选择"海滩.jpg"图层，执行"效果"→"颜色校正"→"色阶"命令，并在"效果控件"面板中设置"输入黑色"值为20.0，"输入白色"值为300.0，具体参数设置如图4-75所示，至此，本例制作完毕，最终效果如图4-76所示。

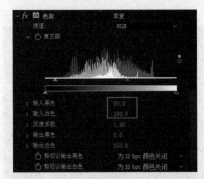

图4-75

图4-76

4.6 **综合实例：唯美风格调色**

　　本实例主要通过为图层添加颜色平衡和色阶特效调整背景，然后使用图层叠加模式和色相饱和度使背景和光斑效果融合，风格更加偏向唯美效果，最后添加高斯模糊效果并绘制蒙版，具体的操作步骤如下。

01 打开After Effects 2022，执行"合成"→"新建合成"命令，创建一个预设为HDTV 1080 25的合成，设置"持续时间"为0:00:08:00，并将其命名为"唯美风格调色"，然后单击"确定"按钮，如图4-77所示。

图4-77

02 执行"文件"→"导入"→"文件…"命令，或者按快捷键Ctrl+I，导入"源文件/第4章/4.6综合实战/Footage"文件夹中的"光斑.mp4""素材.mp4"视频素材文件，如图4-78和图4-79所示。

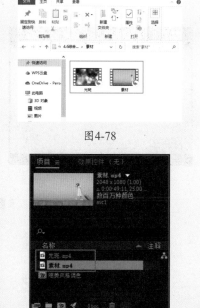

图4-78

图4-79

03 将"项目"面板中的"素材.mp4"视频素材拖至"时间轴"面板，如图4-80所示，效果如图4-81所示。

图4-80

图4-81

04 选择"素材.mp4"图层，执行"效果"→"颜色校正"→"颜色平衡"命令，打开"颜色平衡"属性，设置"中间调红色平衡"值为33.0，"中间调蓝色平衡"值为55.0，调整参数如图4-82所示，调整效果如图4-83所示。

图4-82

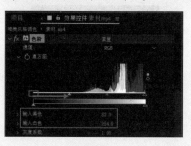

图4-83

05 选择"素材.mp4"图层，执行"效果"→"颜色校正"→"色阶"命令，打开"色阶"属性，设置"输入黑色"值为82.0，"输入白色"值为254.0，调整参数如图4-84所示，调整效果如图4-85所示。

图4-84

图4-85

06 将"项目"面板中的"光斑.mp4"视频素材拖至"时间轴"面板，设置模式为"屏幕"，如图4-86所示，调整效果如图4-87所示。

图4-86

图4-87

07 在"时间轴"面板新建"调整图层1"，"执行"效果"→"颜色校正"→"色相/饱和度"命令，打开"色相/饱和度"属性，设置"主色相"值为0×−10.0°，"主饱和度"值为5，调整参数如图4-88所示，调整效果如图4-89所示。

图4-88

图4-89

08 选择"调整图层1"图层，执行"效果"→"模糊和锐化"→"高斯模糊"命令，打开"高斯模糊"属性，设置"模糊度"值为15.0，调整参数如图4-90所示，调整效果如图4-91所示。

图4-90

图4-91

09 在"调整图层1"中使用"椭圆"工具 ，在"合成"面板中创建一个椭圆蒙版并覆盖住人物，如图4-92所示。展开"蒙版1"属性，设置"蒙版羽化"值为400.0,400.0，选中"反转"复选框，如图4-93所示，调整效果如图4-94所示。

图4-92

After Effects 2022特效合成完全实战技术手册

图4-93

图4-94

10 在"时间轴"面板中新建"调整图层2"，执行"效果"→"颜色校正"→"色阶"命令，打开"色阶"属性，设置"输入黑色"值为36.0，调整参数如图4-95所示。

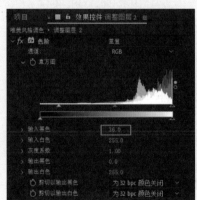

图4-95

11 至此，本例动画制作完毕，最终效果如图4-96所示。

图4-96

4.7 **本章小结**

本章主要学习了 After Effects 2022 各种调色技法的运用，总结起来就是两大调色方式：颜色校正调色和通道效果调色。每个调色方式都讲解了很多相关的效果，这些效果都是调色的基本工具，所以需要熟悉掌握每个效果的基本用法与参数含义。

第5章

抠像特效应用

在影视后期制作中，"抠像"是指通过一定的技术将主体与背景分离，从而实现替换的一种方法。"抠像"通常也被称作"键控技术"，在影视制作领域被广泛采用，实现方法也普遍被人们知晓——当看到演员在绿色或蓝色背景前表演，但这些背景在最终的影片中是见不到的，就是运用了"抠像"技术，用其他背景画面替换了蓝色或绿色背景。After Effects 2022 的抠像功能更加完善，不但整合了 Keylight 技术，还提供了多种用于抠像的效果，这些效果使抠像技术变得越来越方便，越来越容易，大幅提高了影视后期制作的效率。

5.1 颜色键抠像效果

在画面中指定一种颜色，将画面中处于该颜色范围内的图像抠出，使其变为透明，这就是颜色键抠像效果的使用方法。

5.1.1 颜色键抠像效果基础

颜色键抠像效果是一种根据颜色的区别进行计算抠像的方法，其使用前后的效果如图 5-1 所示。

图5-1

执行"效果"→"过时"→"颜色键"命令，如图 5-2 所示，即可添加颜色键抠像效果。然后在"效果控件"面板中展开"颜色键"属性，如图 5-3 所示。

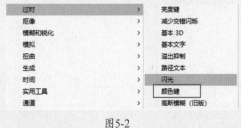

图5-2

图5-3

下面对颜色键效果的主要属性参数进行详细介绍。

※ 主色：调整和控制图像需要抠掉的颜色。

※ 颜色容差：设置键出颜色的容差值，容差值越大，与指定颜色越相近的颜色会变为透明。

※ 薄化边缘：调整主体边缘的羽化程度。

※ 羽化边缘：羽化键出的边缘，以产生细腻、稳定的遮罩效果。

> 提示：使用颜色键进行抠像，只能产生透明和不透明两种效果，所以它只适合抠除背景颜色比较单一、前景完全不透明的素材。在碰到前景为半透明、背景比较复杂的素材时，就该选用其他的抠像方式了。

5.1.2　颜色键抠像效果的应用

本节主要是通过调整素材的变换属性，然后添加颜色键进行抠像，最后添加色阶、色相/饱和度等效果使画面更加贴切，更柔和，具体的操作步骤如下。

01 打开After Effects 2022，执行"合成"→"新建合成"命令，创建一个预设为PAL D1/DV的合成，设置"持续时间"为0:00:03:00，并将其命名为"颜色键抠像"，然后单击"确定"按钮，如图5-4所示。

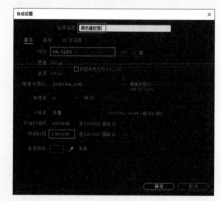

图5-4

02 执行"文件"→"导入"→"文件…"命令，或者按快捷键Ctrl+I，导入"源文件/第5章/5.1.2颜色键抠像效果/Footage"文件夹中的"婚纱.jpg"和"浪漫海滩.jpg"图片文件，如图5-5和图5-6所示。

图5-5

图5-6

03 将"项目"面板中的"浪漫海滩.jpg"和"婚纱.jpg"图片素材按顺序拖至"时间轴"面板中，并设置"浪漫海滩.jpg"图层的"缩放"值为121.0,121.0%，"婚纱.jpg"图层的"缩放"值为25.0,25.0%，"位置"值为389.0,396.0，具体参数设置及在"合成"面板中的对应效果，如图5-7和图5-8所示。

图5-7

图5-8

04 选择"婚纱.jpg"图层，执行"效果"→"过时"→"颜色键"命令，并在"效果控件"面板中单击"吸管工具"按钮██，然后吸取"合成"面板中"婚纱.jpg"图片中的蓝色背景，吸取的"主色"RGB值为R:0,G:51,B:255，再设置"颜色容差"值为44，"薄化边缘"值为5，具体参数设置及在"合成"面板中的对应效果，如图5-9和图5-10所示。

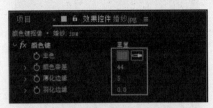

图5-9

图5-10

05 在"项目"面板中选择"浪漫海滩.jpg"图层，执行"效果"→"颜色校正"→"色阶"命令，并在"效果控件"面板中设置"输出黑色"值为19.0，"输出白色"值为195.0，具体参数设置及在"合成"面板中的对应效果，如图5-11和图5-12所示。

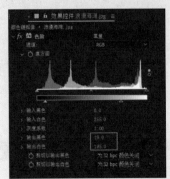

图5-11

图5-12

06 继续选择"浪漫海滩.jpg"图层，执行"效果"→"颜色校正"→"色相/饱和度"命令，并在"效果控件"面板中设置"主饱和度"值为-8，"主亮度"值为3，具体参数设置及在"合成"面板中的对应效果，如图5-13和图5-14所示，本例制作完毕。

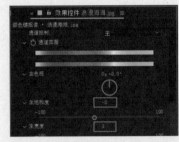

图5-13

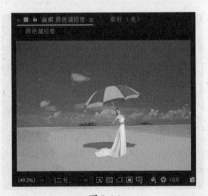

图5-14

5.2 Keylight（1.2）（键控）抠像效果

Keylight（1.2）（键控）抠像工具在发布时曾获得了奥斯卡大奖，它可以精确地控制残留在前景对象上的蓝幕或绿幕反光，并将它们替换成新合成背景的环境光。接下来，本节将对 Keylight（1.2）（键控）抠像效果的使用方法进行详细介绍。

5.2.1 Keylight（1.2）（键控）抠像效果基础

Keylight（1.2）（键控）抠像效果是 After Effects 软件内置的一种功能和算法都十分强大的高级抠像工具，该效果能轻松抠取带有阴影、半透明或带有毛发的素材，还可以清除抠像蒙版边缘的溢出颜色，以达到前景和合成背景完美融合的效果，其使用前后的效果如图5-15所示。

图5-15

执行"效果"→Keylight→Keylight（1.2）（键控）命令，如图5-16所示，即可添加 Keylight（1.2）（键控）抠像效果。然后在"效果控件"面板中展开 Keylight（1.2）（键控）效果的参数，如图5-17所示。

图5-16

图5-17

下面对 Keylight（1.2）（键控）效果的主要属性参数进行详细介绍。

※ View（查看）：可以在右侧的下拉列表中选择查看最终效果的方式。

※ Screen Colour（屏幕颜色）：抠掉的颜色，用后面的"吸管"工具 吸取即可。

※ Screen Gain（屏幕增益）：抠像后，用于调整 Alpha 暗部区域的细节。

※ Screen Balance（屏幕平衡）：此参数会在执行了抠像以后自动设置数值。

※ Despill Bias（反溢出偏差）：在设置 Screen Colour（屏幕颜色）时，虽然 Keylight 效果会自动抑制前景的边缘溢出色，但在前景的边缘处往往会残留一些键出色，该选项就是用来控制残留的键出色的。

※ Alpha Bias（透明度偏移）：可使 Alpha 通道向某一类颜色偏移。

※ Screen PreBlur（屏幕模糊）：如果原素材有噪点，可以用此选项来模糊掉太明显的噪点，从而得到比较好的 Alpha 通道。

※ Screen Matte（屏幕蒙版）：在设置 Clip Black（切除 Alpha 暗部）和 Clip White（切除 Alpha 亮部）时，可以将 View（查看）方式设置为 Screen Matte（屏幕蒙版），这样可以将屏幕中本来应该是完全透明的地方调整为黑色，将完全不透明的地方调整为白色，将半透明的地方调整为

相应的灰色。

※ Inside Mask（内侧遮罩）：选择内侧遮罩，可以将前景内容隔离出来，使其不参与抠像处理。

※ Outside Mask（外侧遮罩）：选择外侧遮罩，可以指定背景像素，无论遮罩内是何种内容，一律视为背景像素来进行键出，这对于处理背景颜色不均匀的素材非常有效。

※ Foreground Colour Correction（前景颜色校正）：校正前景颜色。

※ Edge Colour Correction（边缘颜色校正）：校正蒙版边缘颜色。

※ Source Crops（源裁剪）：裁切源素材的画面。

5.2.2 Keylight（1.2）（键控）抠像效果的应用

本节主要通过调整素材的变换属性，然后添加Keylight效果进行抠像，最后绘制蒙版使抠像效果更加真实，具体的操作步骤如下。

01 打开After Effects 2022，执行"合成"→"新建合成"命令，创建一个预设为PAL D1/DV的合成，设置"持续时间"为0:00:03:00，并将其命名为"抠像"，然后单击"确定"按钮，如图5-18所示。

图5-18

02 执行"文件"→"导入"→"文件…"命令，或者按快捷键Ctrl+I，导入"源文件/第5章/5.2.2 Keylight（1.2）（键控）抠像效果/Footage"文件夹中的"场景2.jpg"和"士兵.jpg"图片文件，如图5-19和图5-20所示。

图5-19

图5-20

03 将"项目"面板中的"场景2.jpg"和"士兵.jpg"图片素材按顺序拖至"时间轴"面板中，并设置"场景2.jpg"图层的"缩放"值为196.0,196.0%，设置"士兵.jpg"图层的"缩放"值为184.0,184.0%，具体参数设置及在"合成"面板中的对应效果，如图5-21和图5-22所示。

图5-21

图5-22

04 在"时间轴"面板中选择"士兵.jpg"图层，执行"效果"→Keylight→Keylight（1.2）

（键控）命令，并在"效果控件"面板中单击"吸管工具"按钮，然后吸取"合成"面板中"士兵.jpg"图片中的绿色背景，吸取的Screen Colour（屏幕颜色）RGB值为R:107,G:154,B:104，具体参数设置及在"合成"面板中的对应效果，如图5-23和图5-24所示。

图5-23

图5-24

05 继续选择"士兵.jpg"图层，再单击"钢笔"工具按钮，在"合成"面板绘制一个蒙版，形状如图5-25所示。展开蒙版属性，设置"蒙版羽化"值为18.0,18.0，参数设置如图5-26所示。

06 至此，本例制作完毕，实例最终效果如图5-27所示。

图5-25

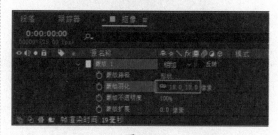

图5-26

图5-27

5.3 颜色差值键效果

在影视特效制作中，有时需要从素材画面上抠取具有透明和半透明区域的图像，如烟、雾、阴影等，这时可以使用颜色差值键效果来抠像，接下来将对颜色差值键效果的使用方法进行详细介绍。

5.3.1 颜色差值键效果基础

颜色差值键效果与颜色键效果的原理相同，

是一种运用颜色差值计算方法进行抠像的效果，它可以精确地抠取蓝屏或绿屏前拍摄的画面，其使用前后的效果如图5-28所示。

图5-28

执行"效果"→"抠像"→"颜色差值键"命令，即可添加颜色差值键抠像效果，然后在"效果控件"面板自行对该效果进行参数设置，如图5-29所示。

图5-29

下面对颜色差值键效果的主要属性参数进行详细介绍。

※ 视图：可以在右侧的下拉列表中选择查看最终效果的方式。

※ 主色：调整和控制图像需要抠出的颜色。

※ 颜色匹配准确度：设置色彩匹配精度，包括"更快"和"更准确"两个选项。

※ 黑色区域的A部分：控制A通道的透明区域。

※ 白色区域的A部分：控制A通道的不透明区域。

※ A部分的灰度系数：调节图像灰度数值。

※ 黑色区域外的A部分：控制A通道的透明区域的不透明度。

※ 白色区域外的A部分：控制A通道的不透明区域的不透明度。

※ 黑色的部分B：控制B通道的透明区域。

※ 白色区域中的B部分：控制B通道的不透明区域。

※ B部分的灰度系数：调节图像灰度数值。

※ 黑色区域外的B部分：控制B通道的透明区域的不透明度。

※ 白色区域外的B部分：控制B通道的不透明区域的不透明度。

※ 黑色遮罩：控制Alpha通道的透明区域。

※ 白色遮罩：控制Alpha通道的不透明区域。

※ 遮罩灰度系数：影响图像Alpha通道的灰度范围。

5.3.2 颜色差值键效果的应用

本实例主要通过调整素材的变换属性，再为其添加颜色差值键效果进行抠像，具体的操作步骤如下。

01 打开After Effects 2022，执行"合成"→"新建合成"命令，创建一个预设为PAL D1/DV的合成，设置"持续时间"为0:00:03:00，并将其命名为"颜色差值键抠像"，然后单击"确定"按钮，如图5-30所示。

图5-30

02 执行"文件"→"导入"→"文件…"命令，或者按快捷键Ctrl+I，导入"源文件/第5章/5.3.2颜色差值键效果/Footage"文件夹中的"11.mp4"和"抠像.wmv"视频文件，如图5-31和图5-32所示。

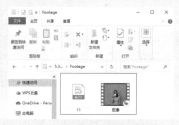

图5-31

图5-32

03 将"项目"面板中的"11.mp4"和"抠像.wmv"视频素材按顺序拖至"时间轴"面板中，并设置"11.mp4"图层的"缩放"值为-120.0,-120.0%，设置"抠像.wmv"图层的"缩放"值为179.0,179.0%，具体参数设置及在"合成"面板中的对应效果，如图5-33和图5-34所示。

图5-33

图5-34

04 在"时间轴"面板中选择"抠像.wmv"图层，执行"效果"→"抠像"→"颜色差值键"命令，并在"效果控件"面板中单击第一个"吸管工具"按钮█，然后吸取"合成"面板中"抠像.wmv"图像的绿色背景，吸取的"主色"RGB值为R:108,G:151,B:105，再设置"黑色区域的A部分"值为70，"B部分的灰度系数"值为1.9，"黑色遮罩"值为151，具体参数设置及在"合成"面板中的对应效果，如图5-35和图5-36所示。

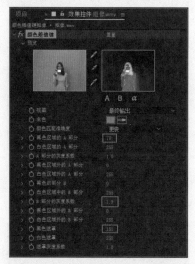

图5-35

图5-36

05 在"时间轴"面板中选择"11.mp4"图层，设置"不透明度"值为80%，具体参数设置及在"合成"面板中的对应效果，如图5-37和图5-38所示。

第5章 抠像特效应用

107

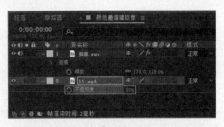

图5-37

图5-38

06 至此，本例动画制作完毕，按小键盘上的0键预览动画，如图5-39~图5-42所示。

图5-39

图5-40

图5-41

图5-42

5.4 颜色范围抠像效果

颜色范围抠像效果与颜色键抠像效果相同，也是 After Effects 内置的抠像效果，不同的是，颜色键抠像效果只适合抠取一些背景比较简单的图像，而颜色范围抠像效果可以抠除具有多种颜色、背景稍微复杂的蓝、绿屏图像。

5.4.1 颜色范围抠像效果基础

颜色范围抠像效果可以通过键出指定的颜色范围产生透明，可以应用的色彩空间包括 Lab、YUN 和 RGB。这种键控方式对抠除具有多种颜色构成或灯光不均匀的蓝屏或绿屏背景非常有效，其使用前后的效果如图 5-43 所示。

执行"效果"→"抠像"→"颜色范围"命令，即可添加颜色范围抠像效果，然后在"效果控件"面板自行对该效果进行参数设置，如图5-44所示。

下面对颜色范围效果的主要属性参数进行详细介绍。

图5-43

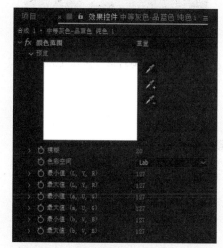

图5-44

※ 模糊：调整边缘的柔和程度。

※ 色彩空间：可以从右侧的下拉列表中指定键出颜色的模式，包括Lab、YUV和RGB这3种颜色模式。

※ 最小值/最大值：精确调整颜色空间的参数（L，Y，R）、（a，U，G）和（b，V，B）。

5.4.2 颜色范围抠像效果的应用

本实例主要是通过为素材绘制蒙版，添加颜色范围扣除绿幕，最后制作素材动画，具体的制作步骤如下。

01 打开After Effects 2022，执行"合成"→"新建合成"命令，创建一个预设为PAL D1/DV的合成，设置"持续时间"为0:00:04:00，并将其命名为"颜色范围抠像"，然后单击"确定"按钮，如图5-45所示。

图5-45

02 执行"文件"→"导入"→"文件…"命令，或者按快捷键Ctrl+I，导入"源文件/第5章/5.4.2颜色范围抠像效果/Footage"文件夹中的"战场.jpg"图片和"战斗.wmv"视频文件，如图5-46和图5-47所示。

图5-46

图5-47

03 将"项目"面板中的"战场.jpg"图片和"战斗.wmv"视频素材按顺序拖至"时间轴"面板中,将时间轴移至最后一帧,单击"矩形"工具按钮■,在"战斗.wmv"图层上拖曳创建一个矩形蒙版,如图5-48所示。设置"战斗.wmv"图层的"位置"值为481.0,413.0,"缩放"值为75.0,75.0%,最后选择"战场.jpg"图层,设置其"缩放"值为102.0,102.0%,具体参数设置及在"合成"面板中的对应效果,如图5-49和图5-50所示。

图5-48

图5-49

图5-50

04 在"时间轴"面板中选择"战斗.wmv"图层,执行"效果"→"抠像"→"颜色范围"命令,并在"效果控件"面板中单击第一个"吸管工具"按钮■,然后吸取"合成"面板中"战斗.wmv"图像中的绿色背景,再微调各项参数,直到视频中绿色背景全部被抠除,具体参数设置及在"合成"面板中的对应效果,如图5-51和图5-52所示。

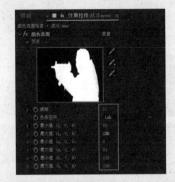

图5-51

图5-52

05 在"时间轴"面板中选择"战场.jpg"图层,单击"缩放"属性"时间变化秒表"按钮■,为"缩放"属性添加一个关键帧,接着将时间轴移至0:00:00:00,设置"缩放"值为300.0,300.0%。单击"不透明度"属性"时间变化秒表"按钮■,为"不透明度"属性添加一个关键帧,设置"不透明度"值为0%,参数设置如图5-53所示。再将时间轴移至0:00:00:07,设置"不透明度"值为100%,具体参数设置如图5-54所示。

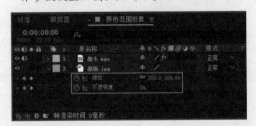

图5-53

06 至此,本例动画制作完毕,按小键盘上的0键预览动画,如图5-55~图5-58所示。

图5-54

图5-55

图5-56

图5-57

图5-58

5.5 综合实例：科学讲堂制作

本实例主要通过为人物素材添加Keylight（1.2）特效来抠出绿幕，然后输入文字，为文字添加发光、四色渐变特效，最后为文字绘制蒙版并添加"3D 从摄像机后下飞"效果，具体的操作步骤如下。

01 打开After Effects 2022，执行"合成"→"新建合成"命令，创建一个预设为HDTV 1080 25的合成，设置"持续时间"为0:00:06:00，并将其命名为"科学讲堂"，然后单击"确定"按钮，如图5-59所示。

图5-59

02 执行"文件"→"导入"→"文件…"命令，或者按快捷键Ctrl+I，导入"源文件/第5章/5.5综合实战/Footage"文件夹中的"背景.mp4""老师.mp4"视频文件，如图5-60和

111

图5-61所示。

图5-60　　　　　　　　图5-61

03 将"项目"面板中的"背景.mp4"视频素材拖至"时间轴"面板中,按S键展开"缩放"属性,设置"缩放"值为105.0,105.0%,调整参数如图5-62所示,调整效果如图5-63所示。

图5-62

图5-63

04 将"项目"面板中的"老师.mp4"视频素材拖至"时间轴"面板中,按S键展开"缩放"属性,再按快捷键Shift+P调出"位置"属性,设置"缩放"值为78.0,78.0%,设置"位置"值为1102.0,670.0,调整参数如图5-64所示,调整效果如图5-65所示。

图5-64

05 在"时间轴"面板中选择"老师.mp4"图层,执行"效果"→Keying→Keylight

（1.2）命令,打开Keylight（1.2）的"效果控件"面板,单击Screen Colour中的"吸管工具"按钮 ,回到"合成"面板,吸取绿幕的颜色,如图5-66所示。

图5-65

图5-66

06 调整效果如图5-67所示,回到"效果控件"面板,设置Screen Gain值为105.0,Clip Black值为6.0,Clip White值为65.0,调整参数如图5-68所示,调整效果如图5-69所示。

图5-67

图5-68

图5-69

07 在"工具"面板中单击"横排文字"工具按钮 **T**，在"合成"面板中输入"科学讲堂"文字，调整效果如图5-70所示。

图5-70

08 "时间轴"面板中选择"科学讲堂"文字图层，执行"效果"→"生成"→"四色渐变"命令，打开"四色渐变"效果控件，设置"颜色1"值为CCE8FF，调整参数如图5-71所示，调整效果如图5-72所示。

图5-71

图5-72

09 选择"科学讲堂"文字图层，执行"效果"→"风格化"→"发光"命令。打开"发光"效果控件，设置"发光阈值"值为74.5，"发光半径"值为18.0，"发光强度"值为1.3，调整参数如图5-73所示，调整效果如图5-74所示。

图5-73

图5-74

10 在"工具"面板中单击"矩形"工具按钮 **■**，绘制一个覆盖文字的蒙版，调整效果如图5-75所示。选择"科学讲堂"图层，将时间轴移至0:00:00:00，在"时间轴"面板中展开"蒙版路径"属性，并单击"时间变化秒表"按钮 **◎**，如图5-76所示。

图5-75

图5-76

11 将该蒙版右侧拖至左侧，使文字隐藏，调整效果如图5-77所示。将时间轴移至0:00:01:10，调整该蒙版使文字显现，调整参数如图5-78所示，调整效果如图5-79所示。

图5-77

图5-78

图5-79

12 选择"科学讲堂"文字图层，在右侧的"效果和预设"中搜索"3D 从摄像机后下飞"效果，双击添加该效果，如图5-80所示，调整的最终效果如图5-81所示。

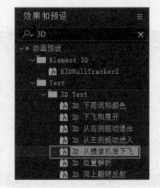

图5-80

图5-81

13 至此，本例动画制作完毕，按小键盘上的0键预览动画，效果如图5-82~图5-85所示。

图5-82

图5-83

图 5-84

图 5-85

5.6 本章小结

本章主要学习了 After Effects 2022 提供的 4 种简单抠像效果及其使用技法，这些抠像效果都是在实际影视制作中应用比较广泛的，下面回顾一下这几种抠像效果。

颜色键抠像效果是一种比较简单的运用颜色的区别进行计算抠像的方法；Keylight（1.2）（键控）抠像效果是 After Effects 内置的一种功能和算法十分强大的高级抠像方式，能轻松抠取带有阴影、半透明或毛发的素材，还可以清除抠像蒙版边缘的溢出颜色，以达到前景和合成背景完美融合的效果颜色；差值键效果是 After Effects 内置的运用颜色差值计算方法进行抠像的效果，它可以精确地抠取蓝屏或绿屏前拍摄的画面；颜色范围抠像效果可以通过键出指定的颜色范围产生透明效果，可以应用的色彩空间包括 Lab、YUV 和 RGB，这种键控方式对抠除具有多种颜色构成或灯光不均匀的蓝屏或绿屏背景非常有效。

01
02
03
04
05

第5章 抠像特效应用

06
07
08
09
10
11
12
13
14
15

115

第6章

蒙版动画技术

在影视后期合成中，某些素材本身不具备 Alpha 通道，所以不能通过常规的方法将这些素材合成到一个场景中，此时"蒙版"就能解决这一问题。由于"蒙版"可以遮盖住部分图像，使部分图像变为透明，所以"蒙版"在视频合成中被广泛应用。例如，可以用来"抠"出图像中的一部分，使最终的图像仅显示"抠"出来的部分，如图 6-1 所示。本章主要讲解在 After Effects 2022 中蒙版动画技术的应用方法。

图6-1

6.1 初识蒙版

蒙版实际上是用路径工具绘制的一条路径或者轮廓图，用于修改图层的 Alpha 通道。它位于图层之上，对于运用了蒙版的图层，将只有蒙版内的部分图像显示在合成图像中，如图 6-2 所示。

图6-2

After Effects 中的蒙版可以是封闭的路径轮廓，如图 6-3 所示，也可以是不闭合的曲线。当蒙版是不闭合曲线时，则只能作为路径使用，例如经常使用的描边效果就是利用蒙版功能来制作的，如图 6-4 所示。

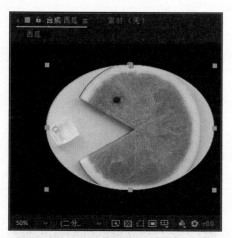

图6-3

图6-4

在制作蒙版动画之前，首先要知道如何创建蒙版。蒙版的创建方法很简单，下面将具体介绍几种基础蒙版的创建工具及其使用方法。

6.2.1 矩形工具

利用"矩形"工具■可以绘制任意大小的矩形蒙版，如图6-5和图6-6所示。

"矩形"工具■的具体使用方法如下。

01 在"工具"面板中选择"矩形"工具■，鼠标指针变成十字形。

02 选择要创建蒙版的图层，然后在"合成"面板中单击拖曳，释放鼠标即可得到矩形蒙版。

图6-5

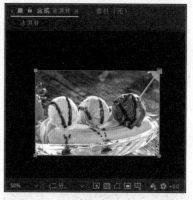

图6-6

6.2.2 椭圆工具

利用"椭圆"工具●可以绘制任意大小的圆形或椭圆形蒙版，如图6-7和图6-8所示。

图6-7

"椭圆"工具●的具体使用方法如下。

01 在"工具"面板中选择"椭圆"工具●，鼠标指针变成十字形。

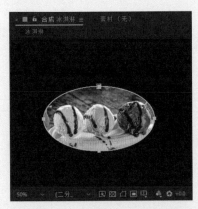

图6-8

02 选择要创建蒙版的图层，然后在"合成"面板中单击拖曳，释放鼠标即可得到椭圆形蒙版。

6.2.3　圆角矩形工具

利用"圆角矩形"工具▣可以绘制任意大小的圆角矩形蒙版，如图6-9和图6-10所示。

图6-9

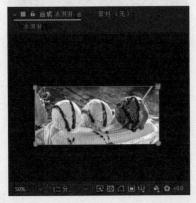

图6-10

"圆角矩形"工具▣的具体使用方法如下。

01 在"工具"面板中选择"圆角矩形"工具▣，鼠标指针变成十字形。

02 选择要创建蒙版的图层，然后在"合成"面板中单击拖曳，释放鼠标即可得到圆角矩形蒙版。

6.2.4　多边形工具

利用"多边形"工具●可以绘制任意大小的多边形蒙版，如图6-11和图6-12所示。

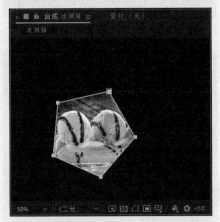

图6-11

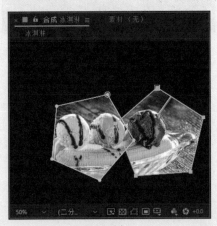

图6-12

"多边形"工具●的具体使用方法如下。

01 在"工具"面板中选择"多边形"工具●，鼠标指针变成十字形。

02 选择要创建蒙版的图层，然后在"合成"面板中单击拖曳，释放鼠标即可得到多边形蒙版。

6.2.5 星形工具

利用"星形"工具 ⭐ 可以绘制任意大小的五角星形蒙版，如图6-13和图6-14所示。

图6-13

图6-14

"星形"工具 ⭐ 的具体使用方法如下。

01 在"工具"面板中选择"星形"工具 ⭐，鼠标指针变成十字形。

02 选择要创建蒙版的图层，然后在"合成"面板中单击拖曳（按住Ctrl键拖曳可以调节五角星的角度），释放鼠标即可得到五角星形蒙版。

6.2.6 "钢笔"工具

"钢笔"工具 ✒ 主要用于绘制不规则的蒙版和不闭合的路径，快捷键为G，在此工具按钮上长按鼠标可以显示出"添加顶点"工具 ✒、"删除顶点"工具 ✒、"转换顶点"工具 ⌐以及"蒙版羽化"工具 ✒。利用这些工具可以方便地对蒙版进行修改，"钢笔"工具 ✒ 的使用效果如图6-15所示。

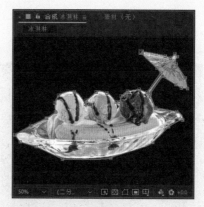

图6-15

"钢笔"工具 ✒ 的具体使用方法如下。

01 在"工具"面板中选择"钢笔"工具 ✒，然后在"合成"面板中单击，即可创建控制点。

02 将鼠标指针移至另一个目标位置单击，此时在先后创建的这两个控制点之间将形成一条直线。

03 如果想要创建闭合的蒙版图形，可以将鼠标放在第一个控制点处，此时鼠标指针的右下角将出现一个小圆圈，单击即可闭合蒙版路径。

使用蒙版工具需要注意的问题有以下三点。

※ 在选择好的蒙版工具按钮上双击，可以在当前图层中自动创建一个最大的蒙版。

※ 在"合成"面板中，按住Shift键，使用蒙版工具可以创建等比例的蒙版形状。例如使用"矩形"工具 ▭，配合Shift键可以创建正方形蒙版；使用"椭圆"工具 ⬭配合Shift键可以创建正圆形蒙版。

※ 使用"钢笔"工具 ✒ 时，按住Shift键在控制点上单击拖动鼠标，可以沿着45°角移动方向线。

6.2.7 实例：创建蒙版

本实例主要通过调整素材的变换属性，然后新建纯色层，在纯色层上绘制蒙版，调整蒙版羽化使画面更好地融合，然后利用蒙版绘制各种形状的图标，最后添加发光、投影等效果，具体的操作流程如下。

01 打开After Effects 2022，执行"合成"→"新建合成"命令，创建一个预设为PAL D1/DV的合成，设置"持续时间"为0:00:03:00，并将其命名为"创建蒙版",然后单击"确定"按钮,如图6-16所示。

图6-16

02 执行"文件"→"导入"→"文件…"命令,或者按快捷键Ctrl+I,导入"源文件/第6章/6.2.7蒙版的创建/Footage"文件夹中的"星空背景.jpg"图片文件,如图6-17和图6-18所示。

图6-17

图6-18

03 将"项目"面板中的"星空背景.jpg"图片素材拖至"时间轴"面板中,并设置"星空背景.jpg"图层的"缩放"值为91.0,91.0%,具体参数设置及在"合成"面板中的对应效果,如图6-19和图6-20所示。

图6-19

图6-20

04 执行"图层"→"新建"→"纯色"命令,或者按快捷键Ctrl+Y,创建一个纯色层,在弹出的"纯色设置"对话框中设置"名称"为"固态1","颜色"为深蓝色(R:16,G:18,B:84),如图6-21所示。

图6-21

05 在"时间轴"面板中选择"固态1"图层,使用"椭圆"工具◉在"合成"面板中创建一个椭圆蒙版,如图6-22所示。展开蒙版属性和图层变换属性,设置"固态1"图层的"蒙版羽化"值为208.0,208.0像素,"蒙版不透明度"值为70%,具体参数设置如图6-23所示。

图6-22

图6-23

06 在"时间轴"面板的空白处右击，在弹出的快捷菜单中选择"新建"→"文本"选项，如图6-24所示。

图6-24

07 在"合成"面板中输入Starry sky文字，设置"字体"为微软雅黑，"文字大小"值为60像素，"填充颜色"为白色（R:255,G:255,B:255），选择文字图层设置其"位置"值为367.0,375.0，具体参数设置及在"合成"面板中的对应效果，如图6-25和图6-26所示。

08 选择Starry sky文字图层，执行"效果"→"透视"→"投影"命令，在"效果控件"面板中设置"距离"值为8.0，具体参数设置及在"合成"面板中的对应效果，如图6-27和图6-28所示。

09 执行"图层"→"新建"→"纯色"命令，或者按快捷键Ctrl+Y，创建一个纯色层，在弹出的"纯色设置"对话框中设置"名称"为"固态2"，"颜色"为蓝绿色

（R:10,G:110,B:135），如图6-29所示。

图6-25

图6-26   图6-27

图6-28

图6-29

第6章 蒙版动画技术

121

10 在"时间轴"面板中选择"固态2"图层，使用"矩形"工具 ▣，在"合成"面板中创建矩形蒙版，如图6-30所示，然后将"固态2"图层拖至Starry sky文字图层下方，如图6-31所示。

图6-30

图6-31

11 执行"图层"→"新建"→"纯色"命令，或者按快捷键Ctrl+Y，再创建一个纯色层，在弹出的"纯色设置"对话框中设置"名称"为"固态3"，"颜色"为白色（R:255,G:255,B:255），具体参数设置如图6-32所示。在"工具"面板中选择"星形"工具 ⭐，创建一个五角星形蒙版，如图6-33所示。

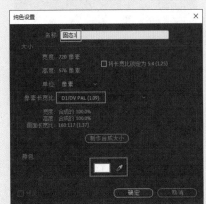

图6-32

图6-33

12 选择"固态3"图层，执行"效果"→"风格化"→"发光"命令，并在"效果控件"面板中设置"发光半径"值为20.0，具体参数设置及在"合成"面板中的对应效果，如图6-34和图6-35所示。

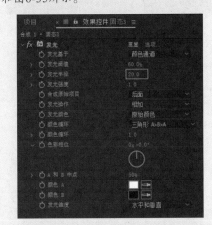

图6-34

图6-35

13 继续选择"固态3"图层，按快捷键Ctrl+D
复制一个新图层并在该图层上按快捷键
Ctrl+Shift+Y，弹出"纯色设置"对话框，设
置"名称"为"固态4"，"颜色"为蓝色
（R:42,G:125,B:152），具体参数设置如图
6-36所示。展开"固态4"图层的蒙版属性，
单击蒙版路径，并按键盘上的方向键移动蒙
版的位置，如图6-37所示。

图6-36

图6-37

14 选择"固态4"图层，在"效果控件"面板中
设置"发光阈值"为50%，具体参数设置及在
"合成"面板中的对应效果，如图6-38和图
6-39所示。

图6-38

图6-39

15 选择"固态3"图层，按快捷键Ctrl+D复
制一个新图层，并在该图层上按快捷键
Ctrl+Shift+Y，弹出"纯色设置"对话框，设
置"名称"为"固态5"，"颜色"为黄色
（R:253,G:197,B:88），具体参数设置如图
6-40所示。展开"固态5"图层的蒙版属性，
单击蒙版路径，然后按键盘上的方向键移动
蒙版的位置，如图6-41所示。

图6-40

图6-41

第6章 蒙版动画技术

16 在"时间轴"面板中选择Starry sky文字图层，执行"效果"→"风格化"→"发光"命令，并在"效果控件"面板中设置"发光半径"值为62.0，"发光强度"值为3.2，"发光颜色"为"A和B颜色"，"颜色A"值为（R:255,G:88,B:88），"颜色B"值为（R:221,G:44,B:44），具体参数设置及在"合成"面板中的对应效果，如图6-42和图6-43所示，本例制作完毕。

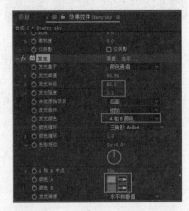

图6-42

图6-43

6.3 **修改蒙版**

使用任何一种蒙版工具创建完蒙版后，都可以再对其进行修改，本节将介绍一些常用的修改方式。

6.3.1 调节蒙版形状

蒙版形状主要取决于节点的分布，所以要调节蒙版的形状主要是调节节点的位置。

在"工具"面板中单击"选取"工具按钮，接着在"合成"面板中单击所要调节的节点，被选中的节点会呈实心正方形状态，如图6-44所示，然后单击即可随意拖动节点，改变节点的位置，如图6-45所示。

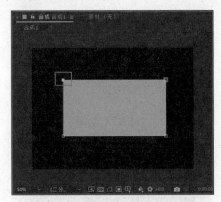

图6-44

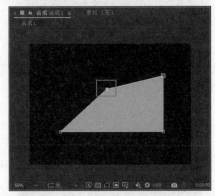

图6-45

如果要选择多个节点，可以按住 Shift 键，再单击要选择的节点，如图 6-46 所示，然后对选中的多个节点进行移动，如图 6-47 所示。

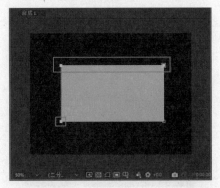

图6-46

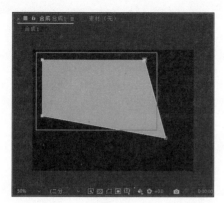

图6-47

注意：按住Shift键的作用是加选或减选节点，既可以按住Shift键单击所要加选的节点，也可以按住Shift键单击已经选中的节点，将其取消选择。在使用"选取"工具▶选取节点时，也可以直接按住鼠标左键在"合成"面板中框选一个或多个节点。

6.3.2 添加删除节点

在已经创建好的蒙版形状中，可以添加或删除节点。

※ 添加节点：在"工具"面板中单击按住"钢笔"工具按钮✒，弹出列表，然后再选择"添加顶点"工具✒，将鼠标指针移至需要添加节点的位置，单击即可添加一个节点，如图6-48所示。

图6-48

※ 删除锚点：在"工具"面板中单击按住"钢笔"工具按钮✒，弹出列表，然后再选择"删除锚点"工具✒，将鼠标指针移至需要删除的锚点上，单击即可删除该锚点，如图6-49所示。

图6-49

6.3.3 角点和曲线点的切换

蒙版上的锚点主要分为两种——角点和曲线点。角点和曲线点之间是可以相互转化的，下面将详细讲解如何进行角点和曲线点的切换。

※ 角点转化为曲线点：在"工具"面板中单击按住"钢笔"工具按钮✒，弹出列表，然后再选择"转换锚点"工具▶，按住鼠标左键不放，拖曳要转化为曲线点的角点，即可把该角点转化为曲线点。或者在"钢笔"工具✒状态下按住 Alt 键，然后拖曳所要转化为曲线点的角点，也可以把该角点转化为曲线点，如图 6-50 所示。

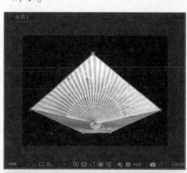

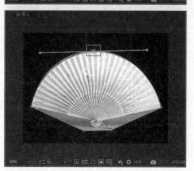

图6-50

※ 曲线点转化为角点：在"工具"面板中
单击按住"钢笔"工具按钮![钢笔图标]，弹出列表，
然后再选择"转换锚点"工具![转换锚点图标]，单击
需要转化为角点的曲线点，即可把该曲
线点转化为角点。或者在"钢笔"工具
![钢笔图标]状态下按住 Alt 键，然后单击需要转化
为角点的曲线点，也可以把该曲线点转
化为角点，如图 6-51 所示。

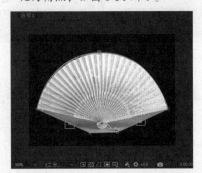

图6-51

6.3.4 缩放和旋转蒙版

当我们创建好一个蒙版后，如果感觉蒙版太
小，或者角度不合适，可对蒙版的大小或角度进
行调整。

在"时间轴"面板中选择蒙版图层，使用"选取"
工具![选取图标]双击蒙版的轮廓线，或者按快捷键 Ctrl+T
对蒙版进行自由变换。在自由变换线框的节点上
单击拖动节点，即可放大或缩小蒙版，如图 6-52
所示。在自由变换线框外单击拖动即可旋转蒙版，
如图 6-53 所示。在进行自由变换时，按住 Shift
键可以对蒙版形状进行等比例缩放或以 45° 为单
位进行旋转。也可以按键盘上的方向键移动蒙版，
对蒙版进行缩放、旋转操作后，按 Esc 键退出自
由变换操作。

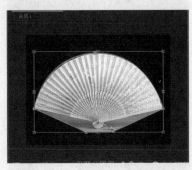

图6-52

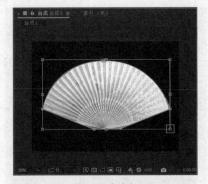

图6-52（续）

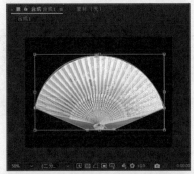

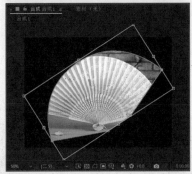

图6-53

6.3.5 实例：树叶蒙版

本实例主要通过绘制素材蒙版，将树叶抠出，
然后调整树叶的变换属性，具体的操作步骤如下。

01 使用After Effects 2022打开"源文件/第6章
/6.3.5如何修改蒙版/修改蒙版之前文件"项目
文件，如图6-54所示。

02 在"时间轴"面板中选择"绿叶.jpg"图层，可
以看到预先在图层上创建的蒙版，如图6-55所
示。单击"背景.jpg"图层名称前面的"可视"
按钮![可视图标]，将"背景.jpg"图层隐藏以便对"绿叶
.jpg"图层蒙版进行修改，如图6-56所示。

图6-54

图6-55

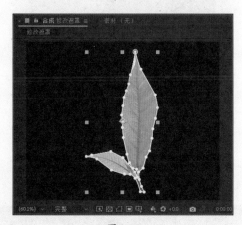

图6-56

03 在"工具"面板中单击"钢笔"工具按钮🖊️，弹出列表，然后选择"添加顶点"工具🖊️，将鼠标指针移至如图6-57所示的位置，单击添加一个节点，如图6-58所示。

04 单击拖动图6-58中添加的节点，并拖至如图6-59所示的位置。再按住Alt键单击拖动该节

点，将该节点转化为曲线点，如图6-60所示。

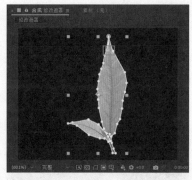

图6-57

图6-58

图6-59

图6-60

01
02
03
04
05
06
07
08
09
10
11
12
13
14
15

05 在"工具"面板中单击"钢笔"工具按钮 ✐，弹出列表，然后选择"输出顶点工具" ✐，将鼠标指针移至如图6-61所示的节点上，单击删除该节点，如图6-62所示。

图6-61

图6-62

06 同理，再将鼠标指针移至如图6-63所示的节点上，单击删除该节点，如图6-64所示。

图6-63

07 在"工具"面板中单击"钢笔"工具按钮 ✐，弹出列表，然后选择"转换顶点"工具 ↑，单击拖动如图6-65所示的角点，将该角点转化为如图6-66所示的曲线点。

图6-64

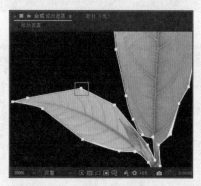

图6-65

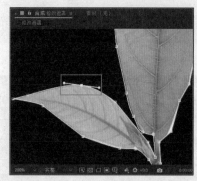

图6-66

08 单击"背景.jpg"图层名称前面的"可视"按钮 ◉，将"背景.jpg"图层显示在"合成"面板中，如图6-67和图6-68所示。

图6-67

图6-68

09 在"时间轴"面板中展开"绿叶.jpg"图层的变换属性，并设置其"位置"值为364.0,456.0，"缩放"值为16.0,16.0%，"旋转"值为0×−57.0°，具体参数设置及在"合成"面板中的对应效果，如图6-69和图6-70所示，本例制作完毕。

图6-69

图6-70

6.4 **蒙版属性及叠加模式**

蒙版与图层一样，也有其固有的属性和叠加模式，这些属性经常会在制作蒙版动画时用到，下面将详细讲解蒙版的各个属性及叠加模式。

6.4.1 蒙版属性

我们可以单击蒙版名称前的小三角按钮▶展开蒙版属性，也可以在"图层"面板中连续按两次M键来展开蒙版的所有属性，蒙版的属性面板如图6-71所示。

图6-71

下面对蒙版的主要属性参数进行详细介绍。

※ 蒙版路径：设置蒙版的路径范围和形状，也可以为蒙版锚点制作关键帧动画，如图6-72和图6-73所示。

图6-72

图6-73

※ 蒙版羽化：设置蒙版边缘的羽化效果，
这样可以使蒙版边缘处于底层图像，如
图6-74所示。

图6-74

※ 蒙版不透明度：设置蒙版的不透明程度，
使用效果如图6-75所示。

图6-75

※ 蒙版扩展：调整蒙版向内或向外的扩展
程度，使用效果如图6-76和图6-77所示。

图6-76

图6-77

6.4.2 蒙版的叠加模式

蒙版的叠加模式主要是针对一个图层中有多
个蒙版时，通过蒙版的叠加模式可以使多个蒙版
之间产生叠加效果，如图6-78所示。

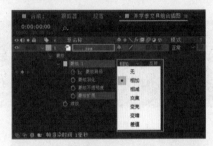

图6-78

下面对蒙版叠加模式的主要属性参数进行详
细介绍。

※ 无：选择"无"模式时，路径将不作为
蒙版使用，仅作为路径使用，如图6-79
所示。

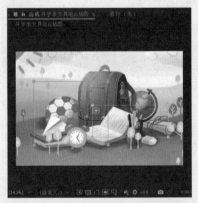

图6-79

※ 相加：将当前蒙版区域与其上面的蒙版区域进行相加处理，如图 6-80 所示。

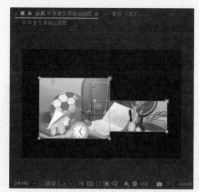

图6-80

※ 相减：将当前蒙版区域与其上面的蒙版区域进行相减处理，如图 6-81 所示。

图6-81

※ 交集：只显示当前蒙版区域与其上面蒙版区域相交的部分，如图 6-82 所示。

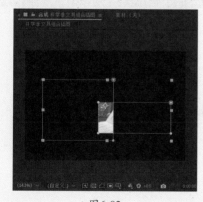

图6-82

※ 变亮：对于可视范围区域来讲，此模式与"相加"模式相同，但是对于重叠之处的不透明，则采用不透明度较高的那

个值，如图 6-83 所示。

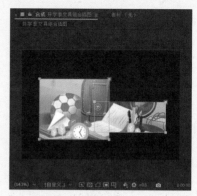

图6-83

※ 变暗：对于可视范围区域来讲，此模式同"交集"模式相同，但是对于重叠之处的不透明则采用不透明度较低的那个值，如图 6-84 所示。

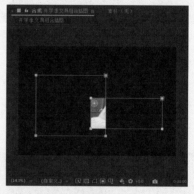

图6-84

※ 差值：此模式对于可视区域，采取的是并集减交集的方式，先将当前蒙版区域与其上面蒙版区域进行并集运算，然后对当前蒙版区域与其上面蒙版区域的相交部分进行减去操作，如图 6-85 所示。

图6-85

6.4.3 蒙版动画

所谓"蒙版动画"就是对蒙版的基本属性设置关键帧动画，在实际工作中经常用来突出某个重点部分内容和表现画面中的某些元素等。

蒙版路径属性动画设置方法：单击"蒙版路径"属性名称前的"时间变化秒表"按钮 ，为当前蒙版的路径设置一个关键帧，如图6-86所示。再将时间轴移至不同的时间点，同时改变蒙版路径，此时在时间线上会自动记录所改变的蒙版路径，并生成两条路径之间的动画，如图6-87所示。

图6-86

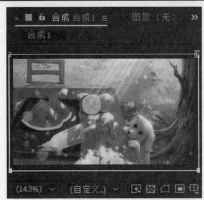

图6-87

蒙版羽化属性动画设置方法：单击"蒙版羽化"

属性名称前面的"时间变化秒表"按钮 ，为当前蒙版的羽化属性设置一个关键帧，如图6-88所示。再将时间轴移至不同的时间点，改变蒙版羽化的数值，此时在时间线上会自动记录所改变的蒙版羽化值，并生成两个蒙版羽化值之间的动画，如图6-89所示。

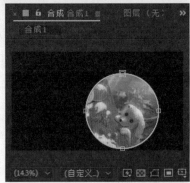

图6-88

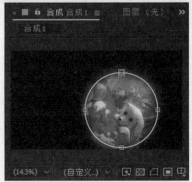

图6-89

蒙版不透明度属性动画设置方法：单击"蒙版不透明度"属性名称前的"时间变化秒表"按钮 ，为当前蒙版的不透明度属性设置一个关键帧，如图 6-90 所示。再将时间轴移至不同的时间点，改变蒙版的不透明度，此时在时间线上会自动记录所改变的蒙版不透明度数值，并生成两个蒙版不透明度之间的动画，如图 6-91 所示。

图6-90

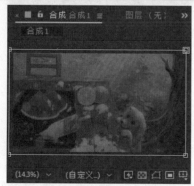

图6-91

蒙版扩展属性动画设置方法：单击"蒙版扩展"属性名称前的"时间变化秒表"按钮，为当前蒙版的扩展属性设置一个关键帧，如图 6-92 所示。再将时间轴移至不同的时间点，改变蒙版扩展数值，此时在时间线上会自动记录所改变的蒙版扩

展数值，并生成两个蒙版扩展数值之间的动画，如图 6-93 所示。

图6-92

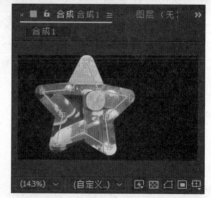

图6-93

6.4.4 实例：蒙版动画——原生态

本节主要是通过调整素材的变换属性，绘制蒙版，制作蒙版动画，然后创建文本，为文本添加发光效果，最后为文字绘制蒙版动画，制作展开文字动画，具体的操作步骤如下。

01 打开After Effects 2022，执行"合成"→"新建合成"命令，创建一个预设为PAL D1/DV的合成，设置"持续时间"为0:00:03:00，并将其命名为"蒙版动画"，然后单击"确定"按钮，如图6-94所示。

图6-94

02 执行"文件"→"导入"→"文件…"命令，或者按快捷键Ctrl+I，导入"源文件/第6章/6.4.4蒙版属性及叠加模式/Footage"文件夹中的"树林.jpg"图片文件，如图6-95和图6-96所示。

图6-95　　　　　图6-96

03 将"项目"面板中的"树林.jpg"图片素材拖至"时间轴"面板中，并设置"缩放"值为80.0,80.0%，具体参数设置及在"合成"面板中的效果，如图6-97和图6-98所示。

图6-97

04 在"时间轴"面板中选择"树林.jpg"图层，使用"椭圆"工具，在"合成"面板中绘制一个椭圆蒙版，并展开其"蒙版"属性，

如图6-99和图6-100所示。

图6-98

图6-99

图6-100

05 在0:00:00:00的时间点单击"时间变化秒表"按钮，为"蒙版路径"属性和"蒙版羽化"属性分别添加一个关键帧，然后设置"蒙版羽化"值为1000.0,1000.0像素，具体参数设置及在"合成"面板中的对应效果，如图6-101和图6-102所示。

图6-101

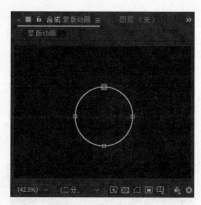

图6-102

06 将时间轴移至0:00:00:14，双击蒙版轮廓线，按Ctrl+Shift键拖动右下角的自由变换节点，将蒙版放大到如图6-103所示的状态，再设置"蒙版羽化"值为660像素，参数设置如图6-104所示。

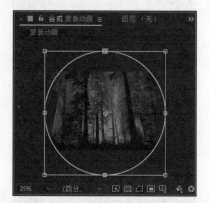

图6-103

图6-104

07 在"时间轴"面板中的空白处右击，在弹出的快捷菜单中选择"新建"→"文本"选项，如图6-105所示。在"合成"面板中输入"原生态"文字，设置"字体"为微软雅黑，"文字大小"值为60像素，"填充颜色"为白色（R:255,G:255,B:255），选择文字图层设置其"位置"值为352.0,347.0，具体参数设置及在"合成"面板中的对应效果，

如图6-106所示。

图6-105 　　　　　图6-106

08 选择"原生态"文字图层，执行"效果"→"风格化"→"发光"命令，并在"效果控件"面板中设置"发光半径"值为15.0，"发光强度"值为4.2，"发光颜色"为"A和B颜色"，颜色A为红色（R:233,G:0,B:0），颜色B为白色（R:255,G:255,B:255），具体参数设置及在"合成"面板中的对应效果，如图6-107和图6-108所示。

图6-107

图6-108

09 在"时间轴"面板中选择"原生态"文字图层，将时间轴移至0:00:00:10，用"矩形"工具▣在"合成"面板中绘制如图6-109所示的蒙版，展开其"蒙版"属性，并单击"时间变化秒表"按钮◎，为"蒙版路径"属性添加一个关键帧，如图6-110所示。

图6-109

图6-110

10 将时间轴移至0:00:01:03，选择矩形蒙版右侧的两个节点并向右平移至如图6-111所示的位置，"合成"面板中的对应效果，如图6-112所示。

图6-111

11 继续选择"原生态"文字图层，将时间轴移至0:00:02:00，单击"时间变化秒表"按钮◎，为"蒙版扩展"属性添加一个关

键帧，如图6-113所示。将时间轴移至0:00:02:18，设置"蒙版扩展"值为—60.0，具体参数设置如图6-114所示。

图6-112

图6-113

图6-114

12 至此，本例动画制作完毕，按小键盘上的0键预览动画，效果如图6-115～图6-118所示。

图6-115

图6-116

图6-117

图6-118

6.5 综合实例：唯美鲸鱼特效

本实例主要是通过"钢笔"工具绘制蒙版，然后为蒙版添加 Saber 特效制作传送门效果，最后为鲸鱼效果添加色相/饱和度特效，使鲸鱼融入背景，具体的操作方法如下。

01 打开After Effects 2022，执行"合成"→"新建合成"命令，创建一个预设为HDTV 1080 25的合成，设置"持续时间"为0:00:05:00，并将其命名为"唯美鲸鱼特效"，单击"确定"按钮，如图6-119所示。

图6-119

02 执行"文件"→"导入"→"文件…"命令，或者按快捷键Ctrl+I，导入"源文件/第6章/6.5综合实战/Footage"文件夹中的"背景.mp4"和"鲸鱼.mp4"视频素材，如图6-120和图6-121所示。

图6-120　　　　图6-121

03 将"项目"面板中的"背景.mp4"视频素材拖至"时间轴"面板，"合成"面板如图6-122所示，执行"效果"→"透视"→"3D摄像机跟踪器"命令。

图6-122

137

04 解析摄像机效果如图6-123所示，在"合成"面板长按左键选中一些绿色稳定的点，右击，在弹出的快捷菜单中选择"创建实底和摄像机"选项，如图6-124所示。

图6-123

图6-124

05 创建完成后，"时间轴"面板会增添一个"跟踪实底"和"3D摄像机跟踪器"，选择"跟踪实底"图层，按P键调出"位置"属性，再按快捷键Shift+R调出旋转属性，设置"位置"值为671.8,1992.8,12511.5，设置"X轴旋转"值为0×-33.0°，"Y轴旋转"值为0×-40.0°，"Z轴旋转"值为0×+18.0°，调整参数如图6-125所示，调整效果如图6-126所示。

图6-125

图6-126

06 执行"合成"→"新建合成"命令，创建一个预设为HDTV 1080 25的合成，设置"持续时间"为0:00:05:00，并将其命名为"门"，然后单击"确定"按钮，如图6-127所示。在"门"合成中右击，创建"纯色"图层，选择"工具"面板中"钢笔"工具 ，在"纯色"图层上绘制四个点，形成门的旋转效果，调整效果如图6-128所示。

图6-127

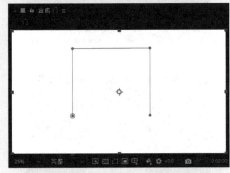

图6-128

07 选择"纯色"图层，执行"效果"→Video Copilot→Saber命令，调整效果如图6-129所示。

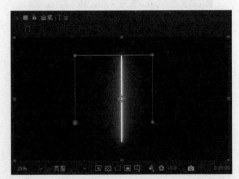

图6-129

08 打开Saber效果控件，展开"自定义主体"属性，调整"主体类型"为"遮罩图层"，调整参数如图6-130所示，调整效果如图6-131所示。

图6-130

图6-131

09 选择"辉光颜色"效果，设置"辉光颜色"值为FFA14B，调整参数如图6-132，调整效果如图6-133所示。

图6-132

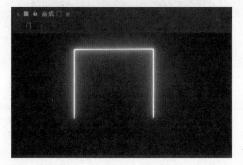

图6-133

10 选择"门"合成中的"纯色"图层，按快捷键Ctrl+C复制一层，然后打开"唯美鲸鱼特效"图层，按快捷键Ctrl+V粘贴一层，并单击激活其"三维图层"按钮，调整参数如图6-134所示，单击"纯色"图层，单击"工具"面板中的"向后平移"工具按钮，将"纯色"锚点位置移动至画面中心下方，调整效果如图6-135所示。

图6-134

图6-135

11 选择"纯色"图层，设置模式为"屏幕"，如图6-136所示，调整效果如图6-137所示。

图6-136

图6-137

12 选择"跟踪实底"图层，单击"可视"按钮 ◎隐藏视图，然后按P键调出"位置"属性，按快捷键Ctrl+C复制一层，选择"纯色"图层，按快捷键Ctrl+V粘贴图层，调整参数如图6-138所示，调整效果如图6-139所示。

图6-138

图6-139

13 选择"纯色"图层，按P键调出"位置"属性，再按快捷键Shift+S调出"缩放"属性，设置"位置"值为3690.8,1992.8,12511.5，设置"缩放"值为655.0,655.0,655.0%，调整参数如图6-140所示，调整效果如图6-141所示。

图6-140

图6-141

14 将"项目"面板中的"鲸鱼.mp4"素材拖至

"时间轴"面板，选择"鲸鱼.mp4"图层，执行"效果"→"过时"→"颜色键"命令，打开"颜色键"效果控件，设置"颜色容差"值为10，"主色"值为FFFFFF，调整参数如图6-142所示，调整效果如图6-143所示。

图6-142

图6-143

15 选择"鲸鱼.mp4"图层，执行"效果"→"通道"→"色相/饱和度"命令。

16 打开"色相/饱和度"效果控件，设置"主色相"值为0×-181.0°，设置"主饱和度"值为16，"主亮度"值为-9，调整参数如图6-144所示，调整效果如图6-145所示。

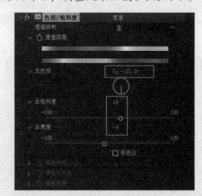

图6-144

图6-145

17 选择"鲸鱼.mp4"图层，调整模式为"相乘"，调整参数如图6-146所示，调整效果如图6-147所示。

图6-146

图6-147

18 选择"鲸鱼.mp4"图层，将时间轴移至0:00:00:24，按P键调出"位置"属性，然后按快捷键Shift+S调出"缩放"属性，设置"位置"值为960.0,540.0，"缩放"值为75.0,75.0%，选择"位置"属性，单击"时间变化秒表"按钮 ，如图6-148所示。

图6-148

19 调整效果如图6-149所示，选择"鲸鱼.mp4"图层，将时间轴移至0:00:04:24，设置"位置"值为1470.0,696.0，调整参数如图6-150所示。

图6-149

图6-150

20 调整效果如图6-151所示，按快捷键Ctrl+Y，新建"纯色"图层，设置"纯色"值为FD9248，调整参数如图6-152所示。

图6-151

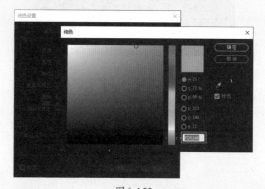

图6-152

21 将新建的"纯色"图层置于"跟踪实底"图层上方，设置模式为"叠加"，调整参数如图6-153所示，按T键调出"不透明度"属性，设置"不透明度"值为35%，调整参数如图6-154所示，调整效果如图6-155所示。

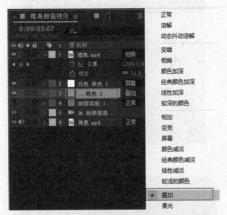

图6-153

图6-154

图6-155

22 至此，本例动画制作完毕，按小键盘上的0键预览动画，效果如图6-156～图6-159所示。

图6-156

图6-157

图6-158

图6-159

After Effects 2022特效合成完全实战技术手册

6.6 本章小结

通过对本章的学习，可以了解蒙版的概念、创建图层蒙版的方法，如何修改蒙版的形状和属性，以及制作蒙版动画。由于影视后期制作中经常会用到蒙版动画来表现某些特定的效果，蒙版动画的应用越来越广泛，所以熟悉蒙版动画的使用方法，对以后制作项目有很大帮助。

使用"矩形"工具、"椭圆"工具、"圆角矩形"工具、"多边形"工具、"星形"工具以及"钢笔"工具等，可以在"合成"窗口中绘制各种形状的蒙版。

"钢笔"工具主要用于绘制不规则的蒙版和不闭合的路径，快捷键为 G，在此工具按钮上长按鼠标可显示出"添加锚点"工具、"删除锚点"工具和"转换锚点"工具，利用这些工具可以很方便地对蒙版进行调整。

在"时间线"窗口选择蒙版图层，使用"选择"工具双击蒙版的轮廓线，或者按快捷键 Ctrl+T 对蒙版进行自由变换，在自由变换线框的控制点上单击拖曳，即可缩放蒙版。

展开图层下的蒙版属性，然后设置蒙版羽化等参数，即可修改当前蒙版的属性，还可以为蒙版各个属性添加关键帧。

第7章

光效技术应用

光效是影视特效的一种，在影视中应用光效，能够产生比较绚丽的视觉效果，提高作品的感染力。After Effects 作为专业的影视后期特效软件，内置了很多光效效果，可以制作出绚丽多彩的光线特效。另外，随着 After Effects 的各种光效插件的开发与应用，使光效制作更便捷。本章将学习在 After Effects 2022 软件中制作光效的技法，以及一些常用光效的应用方法。

7.1 镜头光晕效果

镜头光晕效果是影视作品中常见的一种光线特效，可以用来模拟各种光芒、镜头光斑、发光发热效果等，并且可以针对灯光和场景中的物体产生作用。

7.1.1 镜头光晕效果基础

After Effects 2022中内置了镜头光晕效果，专门用来处理视频镜头光晕，可以很逼真地模拟现实生活中的光晕效果，镜头光晕应用效果如图7-1 所示。

镜头光晕效果的使用方法为：选择作用图层，执行"效果"→"生成"→"镜头光晕"命令，如图 7-2 所示。添加镜头光晕效果后，在当前图层的"效果控件"面板中展开镜头光晕效果的参数，如图 7-3 所示。

图7-1（续）

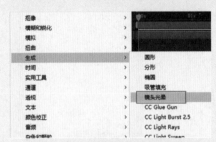

图7-2

图7-3

下面对镜头光晕效果的主要属性参数进行详细介绍。

※ 光晕中心：用于设置发光点的中心位置。

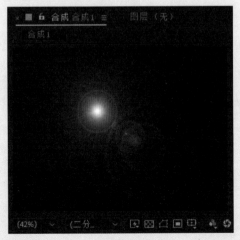

图7-1

　※　光晕亮度：用于设置光晕亮度的百分比。

　※　镜头类型：用于模拟不同的拍摄焦距产
　　　生的镜头光晕效果。

　※　与原始图像混合：用于调整镜头光晕特
　　　性与场景的混合程度。

7.1.2　实例：镜头光晕特效的应用

　　本实例主要是通过导入背景素材，然后输入
文本，为文本添加发光效果，然后制作文字动画，
最后添加镜头光晕效果，具体的操作方法如下。

01 打开After Effects 2022，执行"合成"→"新
建合成"命令，创建一个预设为PAL D1/DV
的合成，设置"持续时间"为0:00:03:00，
并将其命名为"镜头光晕"，然后单击"确
定"按钮，如图7-4所示。

图7-4

02 执行"文件"→"导入"→"文件…"命
令，或者按快捷键Ctrl+I，导入"源文件/第7
章/ 7.1.2镜头光晕效果/Footage"文件夹中的
02.mp4视频文件，如图7-5和图7-6所示。

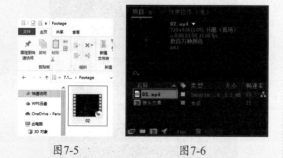

图7-5　　　　　　图7-6

03 将"项目"面板中的02.mp4视频素材拖至
"时间轴"面板，如图7-7和图7-8所示。

图7-7

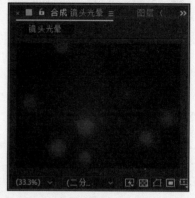

图7-8

04 在"时间轴"面板中的空白处右击，在弹
出的快捷菜单中选择"新建"→"文本"
选项，然后在"合成"面板中输入"灯火
阑珊"文字，设置"字体"为微软雅黑，
"文字大小"值为60像素，"填充颜色"
为橘色（R:244,G:155,B:68），"字符间
距"值为300。选择文字图层，按快捷键
Ctrl+Alt+Home，设置其"锚点"居中，设置
"位置"值为341.3,277.0，具体参数设置及
在"合成"面板中的对应效果，如图7-9和图
7-10所示。

图7-9

图7-10

05 选择"灯火阑珊"文字图层,执行"效果"→"风格化"→"发光"命令,并在"效果控件"面板中设置"发光阈值"为53.0%,"发光半径"值为29.0,"发光强度"值为2.0,具体参数设置及在"合成"面板中的对应效果,如图7-11和图7-12所示。

图7-11

图7-12

06 在"时间轴"面板中选择"灯火阑珊"文字图层,将时间轴移至0:00:00:00,单击"时间

变化秒表"按钮 ⊙,为"缩放"属性和"不透明度"属性分别添加一个关键帧,并设置"缩放"值为312.0,312.0%,"不透明度"值为0%,具体参数设置及在"合成"面板中的对应效果,如图7-13和图7-14所示。

图7-13

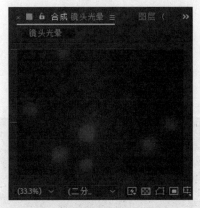

图7-14

07 将时间轴移至0:00:00:07,设置"不透明度"值为100%,具体参数设置及在"合成"面板中的对应效果,如图7-15和图7-16所示。

图7-15

图7-16

08 将时间轴移至0:00:00:21，设置"缩放"值为100.0,100.0%，具体参数设置及在"合成"面板中的对应效果，如图7-17和图7-18所示。

图7-17

图7-18

09 在"时间轴"面板中的空白处右击，在弹出的快捷菜单中选择"新建"→"调整图层"选项，创建一个调整图层，如图7-19所示。

图7-19

10 选择"调整图层1"图层，执行"效果"→"生成"→"镜头光晕"命令，在"合成"面板中的对应效果，如图7-20所示。

图7-20

11 继续选择"调整图层1"图层，将时间轴移

至0:00:00:21，展开"效果控件"参数，设置"光晕中心"值为-203.0,266.0，"光晕亮度"值为0%，并单击"时间变化秒表"按钮，为"光晕中心"和"光晕亮度"属性分别添加一个关键帧。具体参数设置及在"合成"面板中的对应效果，如图7-21和图7-22所示。

图7-21

图7-22

12 将时间轴移至0:00:01:13，设置"光晕亮度"值为124%，如图7-23所示。再将时间轴移至0:00:02:04，设置"光晕中心"值为874.0,266.0，"光晕亮度"值为0%，具体参数设置如图7-24所示。

图7-23

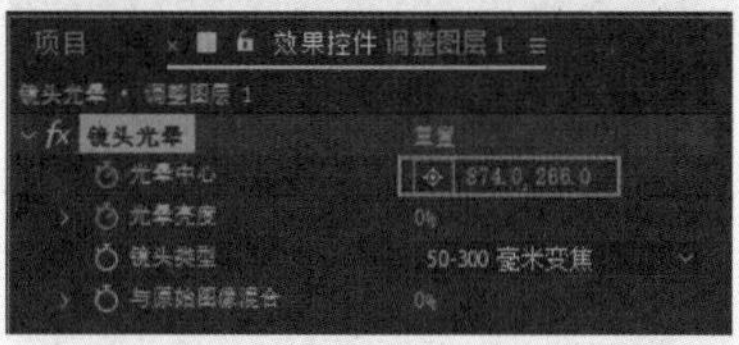

图7-24

13 至此，本例动画制作完毕，按小键盘上的0键预览动画，效果如图7-25～图7-28所示。

图7-25

图7-26

图7-27

图7-28

CC Light Rays（CC射线光）效果

CC Light Rays（CC 射线光）效果是影视后期特效制作中比较常用的光线特效，由于放射光的视觉效果比较好，所以常用于片头制作中。

7.2.1　CC Light Rays（CC 射线光）效果基础

CC Light Rays（CC 射线光）效果可以利用图像上不同的颜色产生不同的放射光，而且具有变形效果，CC Light Rays（CC 射线光）的应用效果如图 7-29 所示。

图7-29

CC Light Rays（CC 射线光）效果的使用方法为：选择作用图层，执行"效果"→"生成"→CC Light Rays 命令，如图 7-30 所示。添加 CC Light Rays（CC 射线光）效果后，在当前图层的"效果控件"面板中展开 CC Light Rays（CC 射线光）效果的参数，如图 7-31 所示。

图7-30

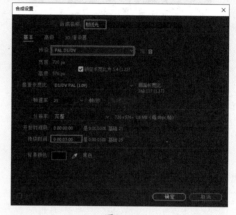

图7-31

下面对 CC Light Rays（CC 射线光）效果的主要属性参数进行详细介绍。

※ Intensity（强度）：用于调整光效的强度，数值越大，光线越强。

※ Center（中心）：设置光效的中心点位置。

※ Radius（半径）：设置光效的大小。

※ Warp Softness（柔化光芒）：设置光效的柔化程度。

※ Shape（形状）：用于调整光源发光的形状，从右侧的下拉列表中可以选择一个选项作为光芒的形状，包括 Round（圆形）和 Square（方形）两种形状。

※ Direction（方向）：用于调整射光效照射的方向，当 Shape（形状）为 Square（方形）时，此项才可用。

※ Color from Source（颜色来源）：选中该复选框，光效会呈放射状。

※ Allow Brightening（中心变亮）：选中该复选框，光效的中心变亮。

※ Color（颜色）：用来调整光效的发光颜色，光效颜色可以通过相应对话框选择合适的颜色，通常是选择 Color from Source（颜色来源）复选框。

※ Transfer Mode（转换模式）：从右侧的下拉列表中选择一个选项，设置光效与源图像的叠加模式。

7.2.2 实例：CC Light Rays（CC 射线光）特效的应用

本实例主要是通过调整素材的变换属性，制作背景动画，然后输入文本，制作文本动画，为其添加投影和 CC Light Rays 效果。

01 打开 After Effects 2022，执行"合成"→"新建合成"命令，创建一个预设为 PAL D1/DV 的合成，设置"持续时间"为 0:00:03:00，并将其命名为"射线光"，然后单击"确定"按钮，如图7-32所示。

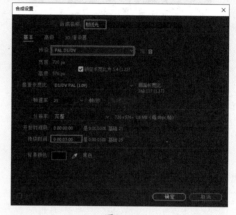

图7-32

02 执行"文件"→"导入"→"文件…"命令，或者按快捷键 Ctrl+I，导入"源文件/第7章/7.2.2 CC Light Rays（CC射线光）效果/Footage"文件夹中的"旋转背景.wmv"视频文件，如图7-33和图7-34所示。

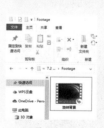

图7-33

图7-34

03 将"项目"面板中的"旋转背景.wmv"视频素材拖至"时间轴"面板，展开其变换属性，并设置"缩放"值为111.0,111.0%，具体参数设置及在"合成"面板中的对应效果，如图7-35和图7-36所示。

02
03
04
05
06
07
第7章 光效技术应用
08
09
10
11
12
13
14
15

149

图7-35

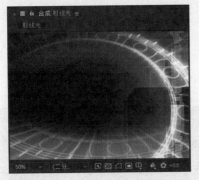

图7-36

04 在"时间轴"面板中选择"旋转背景.wmv"图层，将时间轴移至0:00:00:00，设置"不透明度"属性值为0%，并单击"时间变化秒表"按钮 ⏱，为"不透明度"属性添加一个关键帧，具体参数设置如图7-37所示。将时间轴移至0:00:00:11，设置"不透明度"值为100%，具体参数设置如图7-38所示。

图7-37

图7-38

05 在"时间轴"面板中的空白处右击，在弹出的快捷菜单中选择"新建"→"文本"选项，然后在"合成"面板中输入"射线光效"文字，设置"字体"为微软雅黑，"文字大小"值为80，"填充颜色"为橘

色（R:244,G:155,B:68），"字符间距"值为120，选择文字图层设置其"位置"值为360.0,360.0，具体参数设置及在"合成"面板中的对应效果，如图7-39和图7-40所示。

图7-39

图7-40

06 选择"射线光效"文字图层，执行"效果"→"透视"→"投影"命令，并在"效果控件"面板中设置"阴影颜色"为紫色（R:160,G:40,B:100），"方向"为1×+138.0°，"距离"值为7.0，具体参数设置及在"合成"面板中的对应效果，如图7-41和图7-42所示。

图7-41

图7-42

07 选择"射线光效"图层,将时间轴拖至0:00:00:11,单击"时间变化秒表"按钮,为"位置"属性和"不透明度"属性分别添加一个关键帧,如图7-43所示.将时间轴移至0:00:00:00,设置"位置"值为360.0,30.0,"不透明度"值为0%,具体参数设置如图7-44所示。

图7-43

图7-44

08 继续选择"射线光效"文字图层,将时间轴移至0:00:00:15,执行"效果"→"生成"→CC Light Rays命令,在"效果控件"面板中设置Intensity(强度)值为201.0,Center(中心)值为140.0,289.0,Radius(半径)值为199.0,Warp Softness(柔化光芒)值为26.0,并单击Center(中心)属性的"时间变化秒表"按钮,为其添加一个关键帧,具体参数如图7-45所示。将时间轴移至0:00:02:00,设置Center(中心)值为583.0,289.0,具体参数设置如图7-46所示。

图7-45

图7-46

09 至此,本例动画制作完毕,按小键盘上的0键预览动画,效果如图7-47~图7-50所示。

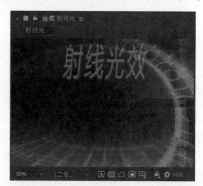

图7-47

图7-48

图7-49

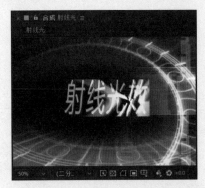

图7-50

7.3 CC Light Burst 2.5（CC 突发光2.5）效果

CC Light Burst 2.5（CC 突发光 2.5）效果可以使图像产生强光线放射效果，类似径向模糊，但是速度较慢，能模拟很多逼真的光影效果，在影视后期特效制作中也较为常用。

7.3.1 CC Light Burst 2.5（CC 突发光 2.5）效果基础

CC Light Burst 2.5（CC 突发光 2.5）效果可以应用在文字图层上，也可以应用在图片或视频素材上，应用效果如图 7-51 所示。

图7-51

CC Light Burst 2.5（CC 突发光 2.5）效果的使用方法为：选择作用图层，执行"效果"→"生成"→CC Light Burst 2.5 命令，如图 7-52 所示。添加 CC Light Burst 2.5 效果后，在当前图层的"效果控件"面板中展开 CC Light Burst 2.5 效果的参数，如图 7-53 所示。

图7-52

图7-53

下面对 CC Light Burst 2.5（CC 突发光 2.5）效果的主要属性参数进行详细介绍。

※ Center（中心）：设置光效中心点的位置。

※ Intensity（强度）：用于调整光效的强度。

※ Ray Length（光线长度）：用来调整光效的长度的。

※ Burst（爆裂）：调整光效的融合类型。

※ Set Color（设置颜色）：用来设置光效的颜色，当选中该复选框时，Color 选项才会被激活，也就是说，激活后才可以选择光效的颜色。

7.3.2 实例：CC Light Burst 2.5（CC 突发光 2.5）特效的应用

本实例主要通过调整素材的变换属性，然后绘制文本，制作文本动画，最后为其添加投影和 CC Light Burst 2.5 效果，具体的操作流程如下。

01 打开 After Effects 2022，执行"合成"→"新建合成"命令，创建一个预设为 PAL D1/DV 的合成，设置"持续时间"为 0:00:03:00，并将其命名为"突发光"，然后单击"确定"

按钮，如图7-54所示。

图7-54

02 执行"文件"→"导入"→"文件…"命令，或者按快捷键Ctrl+I，导入"源文件/第7章/7.3 CC Light Burst 2.5（CC突发光2.5）效果/Footage"文件夹中的044.avi视频文件，如图7-55和图7-56所示。

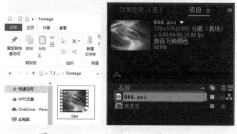

图7-55   图7-56

03 将"项目"面板中的044.avi视频素材拖至"时间轴"面板，展开其变换属性，并设置"不透明度"值为60%，具体参数设置及在"合成"面板中的对应效果，如图7-57和图7-58所示。

图7-57

04 在"时间轴"面板中的空白处右击，在弹出的快捷菜单中选择"新建"→"文本"选项，然后在"合成"面板中输入CC Light Burst文字，设置"字体"为微软雅黑，"文字大小"值为70像素，"字体颜色"为绿色（R:87,G:221,B:106），"字符间距"值为0，选择文字图层设置其"锚点"值为247.0，

−20.0，"位置"值为588.0,370.0，具体参数设置及在"合成"面板中的对应效果，如图7-59和图7-60所示。

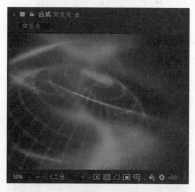

图7-58

图7-59

图7-60

05 在"时间轴"面板中选择CC Light Burst文字图层，执行"效果"→"透视"→"投影"命令，并在"效果控件"面板中设置"阴影颜色"为黑色（R:0,G:0,B:0），"距离"值为10.0，"柔和度"值为8.0，具体参数设置及在"合成"面板中的对应效果，如图7-61和图7-62所示。

06 选择CC Light Burst文字图层，执行"效果"→"生成"→CC Light Burst 2.5命令，在"合成"面板中的对应效果，如图7-63所示。

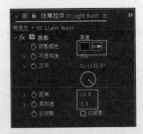

图7-61

图7-62

图7-63

07 选择CC Light Burst文字图层,将时间轴拖至0:00:00:00,展开其"效果控件"面板参数,单击Center(中心)和Ray Length(光线长度)属性的"时间变化秒表"按钮 ○,为Center(中心)和Ray Length(光线长度)属性分别添加一个关键帧,并设置Center(中心)值为982.0,200.0,Ray Length(光线长度)值为262.0,具体参数设置如图7-64所示。将时间轴移至0:00:00:14,设置Center(中心)值为94.0,288.0,具体参数设置及在"合成"面板中的对应效果,如图7-65和图7-66所示。将时间轴移至0:00:01:01,设置Center(中心)值为360.0,288.0,Ray Length

（光线长度）值为200.0,具体参数设置及在"合成"面板中的对应效果,如图7-67和图7-68所示。最后将时间轴移至0:00:01:15,设置Ray Length（光线长度）值为0.0,具体参数设置及在"合成"面板中的对应效果,如图7-69和图7-70所示。

图7-64

图7-65

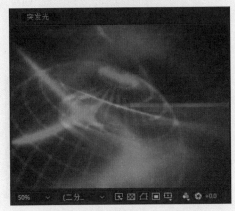

图7-66

图7-67

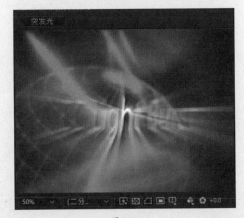

图7-68

图7-69

图7-70

图7-73

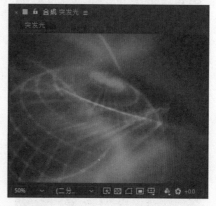

图7-74

08 在"时间轴"面板中继续选择CC Light Burst 文字图层，将时间轴移至0:00:00:00，单击 "时间变化秒表"按钮 ，为"不透明度" 属性添加一个关键帧，并设置"不透明度" 值为0%，具体参数设置及在合成图层中的对 应效果如图7-71和图7-72所示。将时间轴移至 0:00:00:05，设置"不透明度"值为100%，具 体参数设置及在合成图层中的对应效果，如 图7-73和图7-74所示。

09 至此，本例动画制作完毕，按小键盘上的0键 预览动画，效果如图7-75～图7-78所示。

图7-71

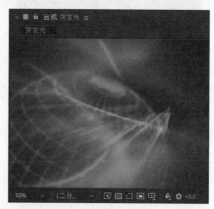

图7-75

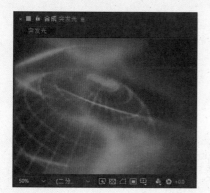

图7-72

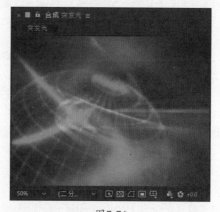

图7-76

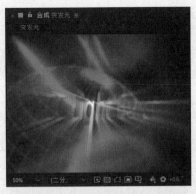

图7-77

图7-78

Light Sweep（CC扫光）效果后，在当前层的"效果控件"面板中展开 CC Light Sweep（CC扫光）效果的参数，如图 7-81 所示。

图7-79

7.4 CC Light Sweep（CC扫光）效果

CC Light Sweep（CC 扫光）效果可以模拟光线扫描的效果，一般用来在文字或物体上面添加扫描光线，其视觉效果很好。

7.4.1 CC Light Sweep（CC 扫光）效果基础

CC Light Sweep（CC 扫光）效果和 CC Light Burst 2.5（CC 突发光 2.5）效果一样，既可以应用在文字图层上，也可以应用在图片或视频素材上，在制作片头字幕中都是比较常用的特效。CC Light Sweep（CC 扫光）应用效果如图 7-79 所示。

CC Light Sweep（CC 扫光）效果的使用方法为：选择作用图层，执行"效果"→"生成"→CC Light Sweep 命令，如图 7-80 所示。添加 CC

图7-80   图7-81

下面对 CC Light Sweep（CC 扫光）效果的主要属性参数进行详细介绍。

※ Center（中心）：用来设置扫光的中心点位置。

※ Direction（方向）：用来调整扫光的方向。

※ Shape（形状）：用来调整扫光的形状和类型，从右侧的下拉列表中可以选择一个选项，用来设置光线的形状，包括 Linear（线性）、Smooth（光滑）、Sharp（锐利）三个选项。

※ Width（宽度）：用来设置扫光的宽度。

- ※ Sweep Intensity（扫光强度）：用来控制扫光的强度。

- ※ Edge Intensity（边缘强度）：用来调整扫光光柱边缘的强度。

- ※ Edge Thickness（边缘厚度）：用来调节光线与图像边缘相接触时的光线厚度。

- ※ Light Color（光线颜色）：设置产生的光线颜色。

- ※ Light Reception（光线融合）：用来调整扫光光柱与背景之间的融合方式，其右侧的下拉列表中包含 Add（叠加）、Composite（合成）和 Cutout（切除）3个选项，在不同情况下扫光与背景需要不同的融合方式。

7.4.2 实例：CC Light Sweep（CC 扫光）特效的应用

本实例主要是通过新建纯色层，为纯色层添加梯度渐变效果，然后新建文本，为文本添加 CC Light Sweep 效果，具体的操作流程如下。

01 打开After Effects 2022，执行"合成"→"新建合成"命令，创建一个预设为PAL D1/DV 的合成，设置"持续时间"为0:00:05:00，并将其命名为"CC扫光"，然后单击"确定"按钮，如图7-82所示。

图7-82

02 执行"文件"→"导入"→"文件…"命令，或者按快捷键Ctrl+I，导入"源文件/第7章/7.4.2 CC Light Sweep（CC扫光）效果/Footage"文件夹中的"粒子.wmv"视频文件，如图7-83和图7-84所示。

图7-83　　　　　　　　图7-84

03 在"时间轴"面板中的空白处右击，在弹出的快捷菜单中选择"新建"→"纯色"选项，在弹出的"纯色设置"对话框中设置其"名称"为"蓝底"，"颜色"为深灰色（R:0,G:9,B:36），单击"确定"按钮，创建纯色层，如图7-85和图7-86所示。

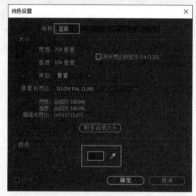

图7-85

图7-86

04 选择"蓝底"纯色层，执行"效果"→"生成"→"梯度渐变"命令，在"效果控件"面板中设置"渐变起点"值为（360，271），"起始颜色"为浅蓝色（R:115,G:121,B:242），"渐变终点"值为360.0,643.0，"结束颜色"为深灰色（R:0,G:10,B:26），"渐变形状"为"线性渐变"，"与原始图像混合"值为85.0%，具体参数设置及在"合成"面板中的对应效果，如图7-87和图7-88所示。

05 将"项目"面板中的"粒子.wmv"视频素材拖至"时间轴"面板，放在"蓝底"纯色层

上方，展开其变换属性，设置"缩放"值为
111.0,111.0%，叠加模式为"屏幕"，具体参
数设置如图7-89所示。

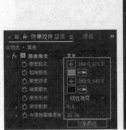

图7-87   图7-88

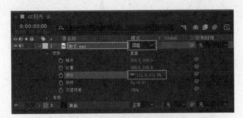

图7-89

06 在"时间轴"面板中的空白处右击，在弹出
的快捷菜单中选择"新建"→"文本"选
项，然后在"合成"面板中输入After Effects
文字，设置"字体"为微软雅黑，"文字
大小"值为80像素，"填充颜色"为绿色
（R:83,G:225,B:136），"字符间距"值为
0，选择文字图层，展开其变换属性并设置
其"锚点"值为229.7,−30.0，"位置"值为
570.0,333.0，具体参数设置及在"合成"面板
中的对应效果，如图7-90和图7-91所示。

图7-90

图7-91

07 选择After Effects文字图层，然后执行"效
果"→"风格化"→"发光"命令，并在
"效果控件"面板中设置"发光半径"值为
15.0，具体参数设置及在"合成"面板中的对
应效果，如图7-92和图7-93所示。

图7-92   图7-93

08 在"时间轴"面板中选择After Effects文字图
层，执行"效果"→"透视"→"投影"命
令，并在"效果控件"面板中设置"阴影颜
色"为黑色（R:0,G:0,B:0），"距离"值为
11.0，具体参数设置及在"合成"面板中的对
应效果；如图7-94和图7-95所示。

图7-94

图7-95

09 继续选择After Effects文字图层，将时间轴移至0:00:01:03，单击"时间变化秒表" ⏱，为"缩放"和"不透明度"属性分别添加一个关键帧，并设置"缩放"值为0.0,0.0%，"发光半径"值为0%，"不透明度"值为0%，具体参数设置及在"合成"面板中的对应效果，如图7-96和图7-97所示。将时间轴移至0:00:01:10，设置"不透明度"值为100%，具体参数设置及在"合成"面板中的对应效果如图7-98和图7-99所示。最后将时间轴移至0:00:02:19，设置"缩放"值为100.0,100.0%，"发光半径"值为100%，具体参数设置及在"合成"面板中的对应效果，如图7-100和图7-101所示。

图7-96

图7-97

图7-98

图7-99

图7-100

图7-101

10 选择After Effects文字图层，将时间轴移至0:00:01:19，执行"效果"→"生成"→CC Light Sweep命令，设置Center（中心）值为39.0,285.0，Width（宽度）值为27.0，Sweep Intensity（扫光强度）值为200.0，并单击"时间变化秒表"按钮 ⏱ 为Center（中心）属性添加一个关键帧，具体参数设置及在"合成"面板中的对应效果，如图7-102和图7-103所示。将时间轴移至0:00:03:07，设置Center（中心）值为738.0,285.0，具体参数设置及在"合成"面板中的对应效果，如图7-104和图7-105所示。

图7-102

图7-103

图7-104

图7-105

11 至此，本例动画制作完毕，按小键盘上的0键预览动画，效果如图7-106～图7-109所示。

图7-106

图7-107

图7-108

图7-109

7.5 综合实例：炫酷手表扫光

本节主要是通过为素材图层绘制蒙版，然后为其添加3D Stroke和发光特效来制作手表扫光效果，然后输入文字，为文字添加"3D 从摄像机后下飞"特效，具体的操作流程如下。

01 打开After Effects 2022，执行"合成"→"新建合成"命令，创建一个预设为HDTV 1080 25的合成，设置"持续时间"为0:00:02:00，并将其命名为"手表扫光"，然后单击"确定"按钮，如图7-110所示。

图7-110

02 执行"文件"→"导入"→"文件…"命令，或者按快捷键Ctrl+I，导入"源文件/第7章/7.5综合实战/Footage"文件夹中的"手表.mp4"视频文件，如图7-111和图7-112所示。

03 将"项目"面板中的"手表.mp4"视频素材拖至"时间轴"面板，如图7-113所示，"合成"面板效果如图7-114所示。

图7-111　　　　　　　图7-112

图7-113

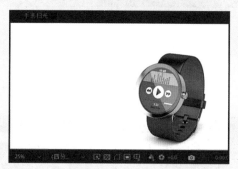

图7-114

04 按快捷键Ctrl+Y，新建"纯色"图层，单击
"可视"按钮 ◎ 将"纯色"图层隐藏，如图
7-115所示，选择"纯色"图层，选择"工
具"面板中的"椭圆"工具 ◎ ，绘制一个等
同于手表内圈大小的椭圆，调整效果如图
7-116所示。

图7-115

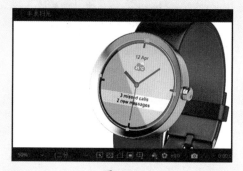

图7-116

05 选择"纯色1"图层，将时间轴移至
0:00:00:00，展开"蒙版1"，选择"蒙版
路径"属性，单击"时间变化秒表"按钮
◎ ，如图7-117所示，然后将时间轴移至
0:00:01:00，绘制椭圆，如图7-118所示。

图7-117

图7-118

06 选择"纯色"图层，执行"效果"→RG
Trapcode→3D Stroke命令，选择"纯色"
图层，再次单击"可视"按钮 ◎ ，显示"纯
色"图层效果，如图7-119所示。

图7-119

07 调整效果如图7-120所示，选择"纯色1"图
层，将时间轴移至0:00:00:00，打开3D Stroke
效果控件，设置Thickness值为2.0，设置Start
值为0.0，设置End值为0.0，展开Taper属性，
选中Enable复选框，如图7-121所示。

图7-120

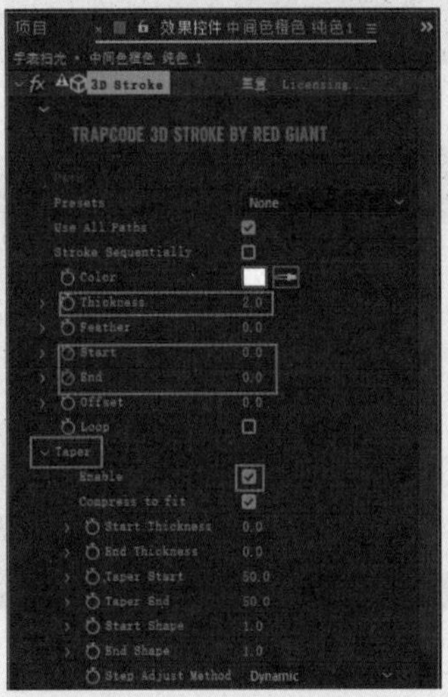

图7-123

图7-124

09 打开3D Stroke效果控件，设置Color值为
E62424，调整参数如图7-125所示，调整效果
如图7-126所示。

图7-125

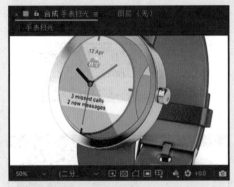

图7-126

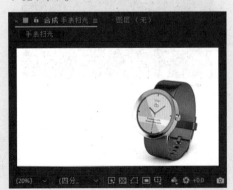 (图7-121 region)

图7-121

08 调整效果如图7-122所示，选择"纯色1"图
层，将时间轴移至0:00:01:00，设置Start值
为100.0，设置End值为100.0，调整参数如图
7-123所示。选择"纯色1"图层，按U键显示
所有关键帧，错开Start和End关键帧的位置，
并按F9键添加缓入缓出效果，调整参数如图
7-124所示。

图7-122

10 选择"纯色"图层，执行"效果"→"风格
化"→"发光"命令，打开"发光"效果控
件，设置"发光阈值"值为58.0%，"发光半
径"值为52.0，"发光强度"值为3.0，调整
参数如图7-127所示。

图7-127

11 调整效果如图7-128所示，在"工具"面板选择"横排文字"工具 ⊤，输入"为人民服务，为大众计时"文字，如图7-129所示，调整效果如图7-130所示。

图7-128

图7-129

图7-130

12 在右侧"效果和预设"中搜索"3D 从摄像机后下飞"动画预设，并将其添加到文字图层中，如图7-131所示。

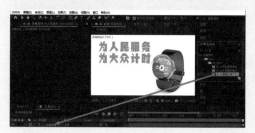

图7-131

13 至此，本例动画制作完毕，按小键盘上的0键预览动画，效果如图7-132所示。

图7-132

7.6 本章小结

本章主要讲解了几种常用的光线效果基础知识以及实例，通过对本章的学习，可以快速掌握 After Effects 2022 制作光效的原理和技巧。After Effects 中的光线特效有很多种，每一种都不是孤立存在的，在学习和应用过程中，要根据不同的情况综合运用各种特效的组合来制作想要的效果。

第8章

效果的编辑与应用

效果也就是特效，不同的效果可以得到不同的特效，After Effects 效果可以单独使用，也可以叠加多个同时使用，以实现非常丰富和震撼的视觉特效。

8.1 效果的分类与基本用法

效果是 After Effects 2022 中最为强大的工具，分为内置效果和外挂效果。所谓"内置效果"就是 After Effects 2022 软件中本身自带的效果，它所包含的特效达数百种之多，所以我们利用这些效果可以制作出各式各样的特效，以达到电视、电影、广告等影视后期应用领域的制作需要。另外，After Effects 2022 也有很多的外挂效果，可以从网上下载安装到 After Effects 2022 软件中，即可制作出更丰富、更绚丽的特效。

8.1.1 效果的分类

After Effects 2022 中内置了数百种效果，它们都被按特效类别放置于"效果和预设"面板中，如图 8-1 所示。

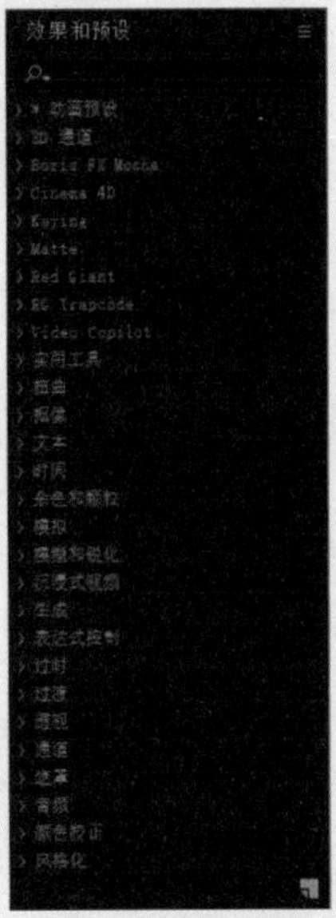

图8-1

8.1.2 效果的基本用法

为图层添加效果的方法有三种，分别如下。

（1）选择需要添加效果的图层，进入"效果"子菜单，选择所需要的效果，如图 8-2 所示。

（2）选择需要添加效果的图层，然后右击，在弹出的快捷菜单中选择"效果"子菜单中的效果，如图 8-3 所示。

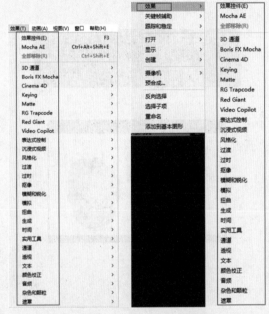

图8-2　　　　　　　图8-3

（3）在界面右侧的"效果和预设"面板中单击按住将想要添加到作用图层的效果，并拖至需要添加效果的图层上，如图 8-4 所示。

图8-4

8.1.3 实例：为图层添加多个效果

本实例主要是通过调整素材的变换属性，然后添加"色相/饱和度"效果调整颜色，然后添加镜头光晕和梯度渐变等效果，最后添加百叶窗效果制作动画，具体的操作流程如下。

01 打开After Effects 2022，执行"合成"→"新建合成"命令，创建一个预设为PAL D1/DV的合成，设置"持续时间"为0:00:03:00，并将其命名为"湖景"，然后单击"确定"按钮，如图8-5所示。

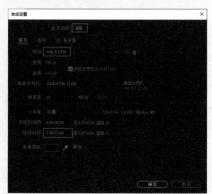

图8-5

02 执行"文件"→"导入"→"文件…"命令，或者按快捷键Ctrl+I，导入"源文件/第8

章/8.1.3效果的分类与基本用法/Footage"文件夹中的"湖景.jpg"图片文件，如图8-6和图8-7所示。

图8-6   图8-7

03 将"项目"面板中的"湖景.jpg"图片素材拖至"时间轴"面板，展开其变换属性，并设置"位置"值为304.0,288.0，选择"纯色"图层，调整"缩放"值为110.0,110.0%，具体参数设置及在"合成"面板中的对应效果，如图8-8和图8-9所示。

图8-8

图8-9

04 在"时间轴"面板中选择"湖景.jpg"图层，执行"效果"→"颜色校正"→"色相/饱和度"命令，在"效果控件"面板中设置"主色相"值为0×−25.0°，选择"纯色"图层，调整"主饱和度"值为−23，具体参数设置及在"合成"面板中的对应效果，如图8-10和图8-11所示。

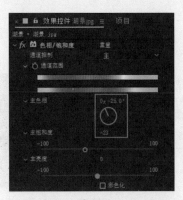

图8-10

图8-11

图8-12   图8-13

图8-14

图8-15

05 在界面右侧的"效果和预设"面板中展开"生成"效果组的子菜单，选择"镜头光晕"效果，并拖至"时间轴"面板中的"湖景.jpg"图层上，如图8-12所示。在"效果控件"面板中设置"光晕中心"值为910.0,18.0，选择"纯色"图层，调整"光晕亮度"值为130%，具体参数设置及在"合成"面板中的对应效果，如图8-13和图8-14所示。

06 在"时间轴"面板中选择"湖景.jpg"图层，执行"效果"→"生成"→"梯度渐变"命令，在"效果控件"面板中设置"起始颜色"为蓝色（R:0,G:144,B:255）。选择"纯色"图层，设置"结束颜色"为橘色（R:255,G:111,B:41）。选择"纯色"图层，设置"与原始图像混合"值为80.0%，具体参数设置及在"合成"面板中的对应效果，如图8-15和图8-16所示。

07 选择"湖景.jpg"图层，调整时间轴到0:00:00:00，执行"效果"→"过渡"→"百叶窗"命令，在"效果控件"面板中设置"过渡完成"值为100%，并单击"时间变化秒表" ⏱ ，为"过渡完成"属性添加一个关

键帧，具体参数设置如图8-17所示。将时间轴
移至0:00:01:10，设置"过渡完成"值为0%，
具体参数设置如图8-18所示。

图8-16

图8-17

图8-18

08 至此，本例动画制作完毕，按小键盘上的0键
预览动画，效果如图8-19～图8-22所示。

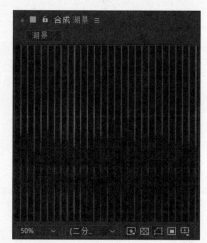

图8-19

图8-20

图8-21

图8-22

8.2 效果组

　　After Effects 2022 中的效果菜单包含二十
多类效果，每个类别的效果中又包含若干子效果，
下面按类别对其中的各个子效果进行详细介绍。

8.2.1　3D 通道

当 3D 文件导入 After Effects 2022 中时，可以通过 3D 通道类效果来设置它的 3D 信息。3D 文件就是含有 Z 轴深度通道的图案文件，如 PIC、RLA、RPF、EI、EIZ 等。

1．3D 通道提取

3D 通道提取效果可以以彩色图像或灰色图像来提取 Z 通道（Z 通道用黑白来分别表示物体距离摄像机的距离，在"信息"面板中可以看到 Z 通道的值）信息，通常作为其他特效的辅助特效来使用，如复合模糊。

在"时间轴"面板中选择需要添加"3D 通道提取"效果的图层，执行"效果"→"3D 通道"→"3D 通道提取"命令，在"效果控件"面板中展开参数，如图 8-23 所示。

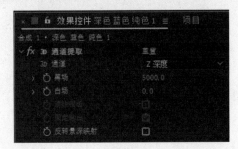

图 8-23

下面对 3D 通道提取效果的主要属性参数进行详细介绍。

※　3D 通道：在其右侧的下拉列表中可以选择当前图像附加的 3D 通道的信息，包括"Z 深度""对象 ID""纹理 UV""曲面法线""覆盖范围""背景 RGB""非固定 RGB"和"材质 ID"。

※　黑场：设置黑场处对应的通道信息数值。

※　白场：设置白场处对应的通道信息数值。

2．深度遮罩

深度遮罩效果用来读取 3D 通道图像中的 Z 轴深度信息，并可以沿 Z 轴任意位置获取一段图像，一般用于屏蔽指定位置以后的物体。

在"时间轴"面板中选择需要添加"深度遮罩"效果的图层，执行"效果"→"3D 通道"→"深度遮罩"命令，在"效果控件"面板中展开参数，如图 8-24 所示。

图 8-24

下面对深度遮罩效果的主要属性参数进行详细介绍。

※　深度：指定建立蒙版的 Z 轴向深度值。

※　羽化：设置蒙版的羽化程度。

※　反转：选中该选项，反转蒙版的内外显示。

3．雾 3D

雾 3D 效果可以沿 Z 轴方向模拟雾状的朦胧效果，使雾具有远近疏密的距离感。

在"时间轴"面板中选择需要添加"雾 3D"效果的图层，执行"效果"→"3D 通道"→"雾 3D"命令，在"效果控件"面板中展开参数，如图 8-25 所示。

图 8-25

下面对雾 3D 效果的主要属性参数进行详细介绍。

※　雾颜色：设置雾的颜色。

※　雾开始深度：雾效果开始出现时，Z 轴的深度数值。

※　雾结束深度：雾效果结束时，Z 轴的深度数值。

※　雾不透明度：调节雾的不透明度。

※　散布浓度：雾散射分布的密度。

※　多雾背景：不选择时背景是透明的，选中该选项时为雾化背景。

※　渐变图层：在时间线上选择一个图层作为参考，用来增加或减少雾的密度。

※　图层贡献：控制渐变参考层对雾密度的影响程度。

8.2.2　表达式控制

表达式控制是通过一些简单的语句控制需要设置动画效果的属性，使其根据表达式的计算结果自动变化，它是实现特效和动画的一种方式。

1．3D 点控制

3D 点控制效果可以设置 3D 点。

在"时间轴"面板中选择需要添加"3D 点控制"效果的图层，执行"效果"→"表达式控制"→"3D 点控制"命令，在"效果控件"面板中展开参数，如图 8-26 所示。

图8-26

下面对 3D 点控制效果的主要属性参数进行详细介绍。

※　3D 点：用来设置 3D 点的位置。

2．点控制

点控制效果可以控制位置点的动画。

在"时间轴"面板中选择需要添加"点控制"效果的图层，执行"效果"→"表达式控制"→"点控制"命令，在"效果控件"面板中展开参数，如图 8-27 所示。

图8-27

下面对点控制效果的主要属性参数进行详细介绍。

※　点：用来设置控制点的位置。

3．滑块控制

滑块控制效果可以设置表达式的数值变化。

在"时间轴"面板中选择需要添加"滑块控制"效果的图层，执行"效果"→"表达式控制"→"滑块控制"命令，在"效果控件"面板中展开参数，如图 8-28 所示。

下面对滑块控制效果的主要属性参数进行详细介绍。

※　滑块：用来调节滑块控制的数值大小。

图8-28

4．角度控制

角度控制效果可以设置不同的角度数值来控制动画效果。

在"时间轴"面板中选择需要添加"角度控制"效果的图层，执行"效果"→"表达式控制"→"角度控制"命令，在"效果控件"面板中展开参数，如图 8-29 所示。

图8-29

下面对角度控制效果的主要属性参数进行详细介绍。

※　角度：用来设置角度的数值大小。

8.2.3　风格化

风格化效果可以通过替换像素、增强相邻像素的对比度，使图像产生夸张的效果，从而形成各种画派的艺术风格，它是完全模拟真实艺术手法进行创作的。After Effects 2022 中风格化效果组包含二十多种风格效果，如图 8-30 所示，下面对每种风格效果进行详细介绍。

1．CC Burn Film（CC 胶片灼烧）

CC Burn Film（CC 胶片灼烧）效果可以使图像产生被灼烧的效果，如图 8-31 所示。

在"时间轴"面板中选择素材图层，执行"效果"→"风格化"→CC Burn Film 命令，在"效果控件"面板中展开参数，如图 8-32 所示。

下面对 CC Burn Film（CC 胶片灼烧）效果的主要属性参数进行详细介绍。

※　Burn（灼烧）：设置灼烧的程度。

※　Center（中心）：设置产生灼烧的中心位置。

※ Random Seed（随机种子）：设置灼烧的随机数值。

图8-30

图8-31

图8-32

2．CC Threshold（CC 阈值）

CC Threshold（CC 阈值）效果主要用于对画面进行分色，高于阈值像素的画面会变为白色，低于阈值像素的画面则变为黑色，如图8-33 所示。

图8-33

在"时间轴"面板中选择素材图层，执行"效果"→"风格化"→CC Threshold 命令，在"效果控件"面板中展开参数，如图 8-34 所示。

图8-34

下面对 CC Threshold（CC 阈值）效果的主要属性参数进行详细介绍。

※ Threshold（阈值）：设置阈值大小。

※ Channel（通道）：选择通道。

※ Invert（反转）：选中此复选框时反转。

※ Blend w.Original（与原始图像混合）：设置与原始图像的混合程度。

3．查找边缘

查找边缘效果可以通过强化过渡像素产生彩色线条，其应用效果如图 8-35 所示。

图8-35

在"时间轴"面板中选择素材图层，执行"效果"→"风格化"→"查找边缘"命令，在"效果控件"面板中展开参数，如图 8-36 所示。

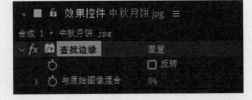

图8-36

下面对查找边缘效果的主要属性参数进行详细介绍。

※ 反转：用于反向勾边。

※ 与原始图像混合：设置与原图像的混合数值。

4．发光

发光效果经常用于图像中的文字和带有Alpha通道的图像，产生发光或光晕的效果，如图8-37所示。

图8-37

在"时间轴"面板中选择素材图层，执行"效果"→"风格化"→"发光"命令，在"效果控件"面板中展开参数，如图8-38所示。

图8-38

下面对发光效果的主要属性参数进行详细介绍。

※ 发光基于：指定发光的作用通道，可以从右侧的下拉列表中选择"颜色通道"和"Alpha通道"。

※ 发光阈值：设置发光程度的数值，其参数会影响发光的覆盖面。

※ 发光半径：设置发光面的半径。

※ 发光强度：设置发光的强度。

※ 合成原始项目：与原图像混合，可以选择"顶端""后面"和"无"。

※ 发光操作：设置与原始素材的混合模式。

※ 发光颜色：设置发光的颜色类型。

※ 颜色循环：设置色彩循环的数值。

※ 色彩相位：设置光的颜色相位。

※ A和B中点：设置发光颜色A和B的中点比例。

※ 颜色A：选择颜色A。

※ 颜色B：选择颜色B。

※ 发光维度：指定发光效果的作用方向，包括"水平和垂直""水平"和"垂直"。

5．卡通

卡通效果可以将图像处理成实色填充或线描的绘画效果，如图8-39所示。

图8-39

在"时间轴"面板中选择素材图层，执行"效果"→"风格化"→"卡通"命令，在"效果控件"面板中展开参数，如图8-40所示。

图8-40

下面对卡通效果的主要属性参数进行详细介绍。

※ 渲染：可以选择"填充""边缘""填充及边缘"选项。

※ 细节半径：设置细节半径的数值。

※ 细节阈值：设置细节阈值的数值。

※ 填充：设置填充方式，包括"阴影步骤"和"阴影平滑度"。

※ 边缘：设置边缘的数值，包括"阈值""宽度""柔和度"和"不透明度"。

6. 马赛克

马赛克效果可以使画面产生马赛克效果，如图 8-41 所示。

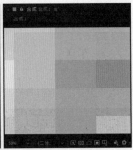

图8-41

在"时间轴"面板中选择素材图层，执行"效果"→"风格化"→"马赛克"命令，在"效果控件"面板中展开参数，如图 8-42 所示。

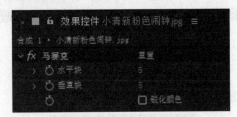

图8-42

下面对马赛克效果的主要属性参数进行详细介绍。

※ 水平块：设置马赛克水平宽度的数值。

※ 垂直块：设置马赛克垂直高度的数值。

※ 锐化颜色：选中该选项对马赛克边缘进行锐化。

7. 毛边

毛边效果可以将图像边缘粗糙化，模拟腐蚀的纹理或边缘溶解效果，如图 8-43 所示。

在"时间轴"面板中选择素材图层，执行"效果"→"风格化"→"毛边"命令，在"效果控件"面板中展开参数，如图 8-44 所示。

下面对毛边效果的主要属性参数进行详细介绍。

图8-43

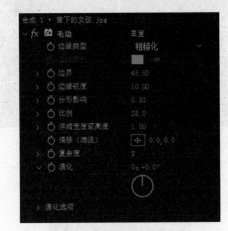

图8-44

※ 边缘类型：用来指定边缘类型，包括"粗糙化""颜色粗糙化""剪切""刺状""生锈""生锈颜色""影印""影印颜色"。

※ 边缘颜色：设置边缘的颜色。

※ 边界：设置边界的数值。

※ 边缘锐度：设置边缘清晰度，会影响到边缘的柔和度与清晰度。

※ 分形影响：设置不规则影响的程度。

※ 比例：设置缩放数值。

※ 伸缩宽度或高度：设置控制宽度和高度的延伸程度。

※ 偏移（湍流）：设置效果的偏移值。

※ 复杂度：设置复杂度的数值。

※ 演化：设置演化角度的数值。

8. 散布

散布效果可以将像素随机分散，产生透过毛玻璃观察的效果，如图 8-45 所示。

在"时间轴"面板中选择素材图层，执行"效果"→"风格化"→"散布"命令，在"效果控件"面板中展开参数，如图 8-46 所示。

图8-45

图8-46

下面对散布效果的主要属性参数进行详细介绍。

※ 散布数量：设置像素分散的程度。

※ 颗粒：设置画面像素颗粒分散的方向，包括"两者""水平"或"垂直"。

※ 散布随机性：设置随机性，选中"随机分布每个帧"复选框可以使每帧画面重新运算。

8.2.4 过渡

After Effects 不像 Premiere，没有提供单独的转场功能，它的转场是集成在效果中的，即"过渡"效果组。After Effects 2022 中"过渡"效果组中包含 17 种效果，如图 8-47 所示。利用这些效果可以制作出很多精彩的转场效果，下面具体介绍各种过渡效果的运用方法。

图8-47

1. CC Grid Wipe（CC 网格擦除）

CC Grid Wipe（CC 网格擦除）效果可以将

图像分解成很多小网格，以交错网格的形式擦除图像，其应用效果如图 8-48 所示。

图8-48

在"时间轴"面板中选择素材图层，执行"效果"→"过渡"→ CC Grid Wipe 命令，在"效果控件"面板中展开参数，如图 8-49 所示。

图8-49

下面对 CC Grid Wipe（CC 网格擦除）效果的主要属性参数进行详细介绍。

※ Completion（完成）：调节图像过渡的百分比。

※ Center（中心）：设置网格的中心点位置。

※ Rotation（旋转）：设置网格的旋转角度。

※ Border（边界）：设置网格的边界位置。

※ Tiles（拼贴）：设置网格的大小。值越大，网格越小；值越小，网格越大。

※ Shape（形状）：设置整体网格的擦除形状，从右侧的下拉列表中可以根据需要选择"Doors（门）""Radial（径向）"和"Rectangular（矩形）"3 种形状中的一种来进行擦除。

※ Reverse Transition（反转变换）：选中该复选框，可以将网格与图像区域转换，使擦除的形状相反。

2. CC Line Sweep（CC 直线擦除）

CC Line Sweep（CC 直线擦除）效果可以使图像以直线的方式扫描擦除，其应用效果如图

8-50 所示。

图8-50

在"时间轴"面板中选择素材图层，执行"效果"→"过渡"→CC Line Sweep命令，在"效果控件"面板中展开参数，如图8-51所示。

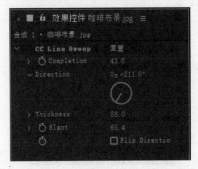

图8-51

下面对 CC Line Sweep（CC 直线擦除）效果的主要属性参数进行详细介绍。

※ Completion（完成）：调节画面过渡的百分比。

※ Direction（方向）：调节画面扫描的方向。

※ Thickness（密度）：调节扫描的密度。

※ Slant（倾斜）：设置扫描画面的倾斜角度。

※ Flip Direction（翻转方向）：选中该选项，可以翻转扫描的方向。

3. 百叶窗

百叶窗效果可以制作出类似百叶窗的条纹过渡效果，其应用效果如图 8-52 所示。

图8-52

在"时间轴"面板中选择素材图层，执行"效果"→"过渡"→"百叶窗"命令，在"效果控件"面板中展开参数，如图 8-53 所示。

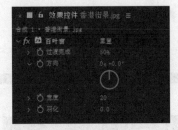

图8-53

下面对百叶窗效果的主要属性参数进行详细介绍。

※ 过渡完成：调节图像过渡的百分比。

※ 方向：设置百叶窗条纹的方向。

※ 宽度：设置百叶窗条纹宽度。

※ 羽化：设置百叶窗条纹的羽化程度。

4. 渐变擦除

渐变擦除效果是通过对比两个层的亮度值进行擦除，其中作为参考的那个层叫"渐变层"，如图 8-54 所示。

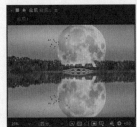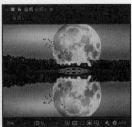

图8-54

在"时间轴"面板中选择素材图层，执行"效果"→"过渡"→"渐变擦除"命令，在"效果控件"面板中展开参数，如图 8-55 所示。

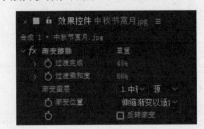

图8-55

下面对渐变擦除效果的主要属性参数进行详细介绍。

※ 过渡完成：用于设置渐变擦除过渡完成的百分比。

※ 过渡柔和度：用于设置过渡边缘的柔化数值。

※ 渐变图层：用于指定渐变层。

※ 渐变位置：用于设置渐变层的放置方式，包括"拼贴渐变""中心渐变""伸缩渐变以适合"3种。

※ 反转渐变：渐变层反向，使亮度参考相反。

5. 径向擦除

径向擦除效果是通过径向旋转来擦除画面，其应用效果如图8-56所示。

图8-56

在"时间轴"面板中选择素材图层，执行"效果"→"过渡"→"径向擦除"命令，在"效果控件"面板中展开参数，如图8-57所示。

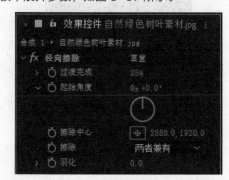

图8-57

下面对径向擦除效果的主要属性参数进行详细介绍。

※ 过渡完成：调节径向擦除过渡完成的百分比。

※ 起始角度：设置径向擦除区域的角度。

※ 擦除中心：调节径向擦除区域的中心点位置。

※ 擦除：可以选择擦除的方式，包括"顺时针""逆时针"和"两者兼有"3种方式。

※ 羽化：调节径向擦除区域的羽化程度。

6. 线性擦除

线性擦除效果可以选定一个方向，然后沿着这个方向进行擦除，从而过渡画面，其应用效果如图8-58所示。

图8-58

在"时间轴"面板中选择素材图层，执行"效果"→"过渡"→"线性擦除"命令，在"效果控件"面板中展开参数，如图8-59所示。

图8-59

下面对线性擦除效果的主要属性参数进行详细介绍。

※ 过渡完成：调节线性擦除过渡完成的百分比。

※ 擦除角度：设置要擦除的直线角度。

※ 羽化：设置擦除边缘的羽化程度。

8.2.5 过时

过时效果组为淘汰效果组，保留这组命令是为了兼容以前版本的工程文件，该效果组中所包含的四个效果（基本3D、基本文字、路径文本、闪光）都是之前版本中存在的，不会再有较大的更新。

1. 基本3D

基本3D效果用于创建虚拟的三维空间效果，让画面具有三维空间的运动属性，如旋转、倾斜、水平或垂直移动，其应用效果如图8-60所示。

在"时间轴"面板中选择素材图层，执行"效果"→"过时"→"基本3D"命令，在"效果控件"

面板中展开参数，如图 8-61 所示。

图8-60

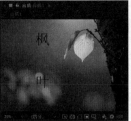

图8-62

图8-61

下面对基本 3D 效果的主要属性参数进行详细介绍。

※ 旋转：用来调整画面在水平方向上的旋转角度。

※ 倾斜：用来调整画面在垂直方向上的旋转角度。

※ 与图像的距离：用来设置图像的纵深距离。

※ 镜面高光：选中"显示镜面高光"复选框，可以在画面中自动生成一束光。

※ 预览：选中"绘制预览线框"复选框后，在预览时只显示线框，以便节省计算机资源，提高计算机运行速度，该命令只有在草稿质量时才起作用。

2．基本文字

基本文字效果主要用来创建比较规整的文字，可以在输入文字窗口中设置文字的大小、颜色以及文字间距等，其应用效果如图 8-62 所示。

在"时间轴"面板中选择素材图层，执行"效果"→"过时"→"基本文字"命令，在"效果控件"面板中展开参数，如图 8-63 和图 8-64 所示。

下面对基本文字效果的主要属性参数进行详细介绍。

图8-63

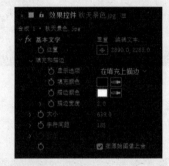

图8-64

※ 字体：设置文字的字体，从下拉列表中可以任意选择一种想用的字体。

※ 样式：设置文字的风格。

※ 方向：设置文字的排列方向，"水平"或"垂直"。

※ 对齐方式：可以选择"左对齐""居中对齐""右对齐"三种对齐方式。

※ 位置：用来调整文字在画面中的位置。

※ 显示选项：用来设置文字的颜色和描边的显示方式，包括"仅填充""仅描边""在描边上填充"和"在填充上描边"四种方式。

※ 填充颜色：用来设置文字的填充颜色。

※ 描边颜色：用来设置文字的描边颜色。

※ 描边宽度：用来设置描边的粗细。

※ 大小：调节文字的大小。

※ 字符间距：用来设置文字的间距。

※ 行距：用来调整行与行之间的距离。

※ 在原始图像上合成：将文本合成到原始素材层上。

3. 路径文本

路径文本效果主要是通过创建一条路径，让文字沿路径排列，其应用效果如图8-65所示。

图8-65

在"时间轴"面板中选择素材图层，执行"效果"→"过时"→"路径文本"命令，在"效果控件"面板中展开参数，如图8-66和图8-67所示。

图8-66

图8-67

下面对路径文本效果的主要属性参数进行详细介绍。

※ 信息：用来显示字体的类型、文字的长度和路径的长度信息。

※ 路径选项：可以设置路径的形状类型和控制点的位置，包括"贝塞尔曲线""圆形""循环""线"四种形式。

※ 填充和描边：用来设置文字的填充颜色和描边颜色。

※ 字符：用来设置文字的"文字大小""字符间距""方向"等字符属性。

※ 段落：用来设置文字的段落属性，如"对齐方式""左边距""右边距""行距""基线偏移"。

※ 高级：用来设置文字的高级属性，如文字的"可视字符""淡化时间""抖动设置"。

※ 在原始图像上合成：用来设置与原始图像合成，选中该选项即显示原图像。

4. 闪光

闪光效果可以在画面中添加光束，模拟较真实的闪电效果，其应用效果如图8-68所示。

图8-68

在"时间轴"面板中选择素材图层，执行"效果"→"过时"→"闪光"命令，在"效果控件"面板中展开参数设，如图8-69所示。

图8-69

下面对闪光效果的主要属性参数进行详细介绍。

※ 起始点：用来设置闪电的开始位置。

※ 结束点：用来设置闪电的结束位置。

※ 区段：设置闪电的分段数，分段越多，闪电越波折。

※ 振幅：设置闪电的振幅数值。

※ 细节级别：设置闪电的分支级别。

※ 细节振幅：设置闪电分支线条的振幅数值。

※ 设置分支：设置闪电分支数量。

※ 再分支：设置闪电二次分支的数量。

※ 分支角度：设置分支线段的角度。

※ 分支线段长度：用于调节分支线段的长度数值。

※ 分支线段：用于设置分支的段数。

※ 分支宽度：用于设置分支的宽度数值。

※ 速度：设置闪电的闪动速度。

※ 稳定性：设置闪电变化的稳定程度，数值越小，越稳定，数值越大，闪电变化越剧烈。

※ 固定端点：选中该复选框，可以固定闪电的结束点。

※ 宽度：设置闪电线条的粗细。

※ 宽度变化：设置闪电的粗细变化数值。

※ 核心宽度：设置闪电主干线段的粗细。

※ 外部颜色：设置闪电的外部描边颜色。

※ 内部颜色：设置闪电内部的主干颜色。

※ 拉力：设置闪电波动方向的拉力大小。

※ 拉力方向：设置闪电拉力的方向。

※ 随机植入：用于设置闪电的随机数值。

※ 混合模式：设置闪电与原始图像的混合模式。

※ 模拟：选中"在每一帧处重新运行"复选框，在每一帧再运行一次。

8.2.6 模糊和锐化

模糊和锐化效果可以设置图像的模糊和锐化效果，其中包括：CC Cross Blur（CC 交叉模糊）、CC Radial Blur（CC 螺旋模糊）、CC Radial Fast Blur（CC 快速模糊）、CC Vector Blur（CC

向量区域模糊）、定向模糊、钝化蒙版、方框模糊、复合模糊、高斯模糊、减少交错闪烁、径向模糊、快速模糊、锐化、摄像机镜头模糊、双向模糊、通道模糊、智能模糊等效果。

1. CC Cross Blur（CC 交叉模糊）

CC Cross Blur（CC 交叉模糊）效果可以沿 X 轴或者 Y 轴方向对素材图像进行交叉模糊处理，其应用效果如图 8-70 所示。

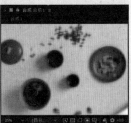

图 8-70

在"时间轴"面板中选择素材图层，执行"效果"→"模糊和锐化"→CC Cross Blur 命令，在"效果控件"面板中展开参数，如图 8-71 所示。

图 8-71

下面对 CC Cross Blur（CC 交叉模糊）效果的主要属性参数进行详细介绍。

※ RadiusX（X 轴半径）：设置 X 轴的半径。

※ RadiusY（Y 轴半径）：设置 Y 轴的半径。

※ Transfer Mode（传输模式）：可以在右侧的下拉列表中指定传输的混合模式。

2. CC Radial Blur（CC 螺旋模糊）

CC Radial Blur（CC 螺旋模糊）效果通过在素材图像上指定一个中心点，并沿着该点产生螺旋状的模糊效果，其应用效果如图 8-72 所示。

在"时间轴"面板中选择素材图层，执行"效果"→"模糊和锐化"→CC Radial Blur 命令，在"效果控件"面板中展开参数，如图 8-73 所示。

下面对 CC Radial Blur（CC 螺旋模糊）效果的主要属性参数进行详细介绍。

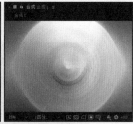

图8-72

图8-73

※ Type（模糊方式）：指定模糊的方式，在右侧的下拉列表中可以选择"StraightZoom（直线放射）""Fading Zoom（变焦放射）""Centered（居中）""Rotate（旋转）"和"Scratch（刮）"。

※ Amount（数量）：设置图像的旋转层数。

※ Quality（质量）：设置模糊的程度，值越大，图像越模糊。

※ Center（模糊中心）：调节模糊中心点的位置。

3．定向模糊

定向模糊效果可以使图像产生运动幻觉的效果，其应用效果如图8-74所示。

图8-74

在"时间轴"面板中选择素材图层，执行"效果"→"模糊和锐化"→"定向模糊"命令，在"效果控件"面板中展开参数，如图8-75所示。

下面对定向模糊效果的主要属性参数进行详细介绍。

※ 方向：设置图像的模糊方向。

※ 模糊长度：设置图像的模糊强度，值越大图像越模糊。

图8-75

4．快速方框模糊

快速方框模糊效果以邻近像素颜色的平均值为基准，在模糊的图像四周形成一个方框状边缘，其应用效果如图8-76所示。

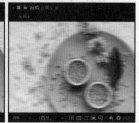

图8-76

在"时间轴"面板中选择素材图层，执行"效果"→"模糊和锐化"→"快速方框模糊"命令，在"效果控件"面板中展开参数，如图8-77所示。

图8-77

下面对快速方框模糊效果的主要属性参数进行详细介绍。

※ 模糊半径：设置图像的模糊半径。

※ 迭代：控制图像模糊的质量。

※ 模糊方向：设置图像的模糊方向，从右侧的下拉列表中可以选择"水平和垂直""水平"和"垂直"3种方式。

※ 重复边缘像素：可以使画面的边缘清晰显示。

5．高斯模糊

高斯模糊效果可以用于模糊和柔化图像，去

除画面中的杂点，其应用效果如图8-78所示。

图8-78

在"时间轴"面板中选择素材图层，执行"效果"→"模糊和锐化"→"高斯模糊"命令，在"效果控件"面板中展开参数，如图8-79所示。

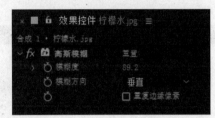

图8-79

下面对高斯模糊效果的主要属性参数进行详细介绍。

※ 模糊度：设置模糊的程度。

※ 模糊方向：调节模糊的方向，包括"水平和垂直""水平"和"垂直"3个方向模式。

8.2.7 模拟

模拟效果组可以模拟各种符合自然规律的粒子运动效果，如下雨、波纹、破碎、泡沫等。

1．CC Bubbles（CC 气泡）

CC Bubbles（CC气泡）效果可以模拟制作飘动上升的气泡效果，其应用效果如图8-80所示。

图8-80

在"时间轴"面板中选择素材图层，执行"效

果"→"模拟"→CC Bubbles命令，在"效果控件"面板中展开参数，如图8-81所示。

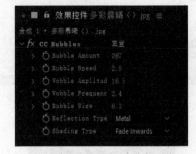

图8-81

下面对CC Bubbles（CC气泡）效果的主要属性参数进行详细介绍。

※ Bubbles Amount（气泡数量）：设置气泡的数量。

※ Bubbles Speed（气泡速度）：设置气泡的上升速度。

※ Wobble Amplitude（晃动振幅）：设置气泡上升时左右晃动的幅度。

※ Wobble Frequency（晃动频率）：设置气泡的晃动频率。

※ Bubbles Size（气泡大小）：设置气泡的大小。

※ Reflection Type（反射类型）：可以在右侧的下拉列表中选择反射的类型。

※ Shading Type（着色类型）：设置着色的类型。

2．CC Particle World（CC 粒子世界）

CC Particle World（CC粒子世界）效果可以用于模拟三维空间中的粒子特效，例如制作火花、气泡和星光等效果，其应用效果如图8-82所示。

图8-82

在"时间轴"面板中选择素材图层，执行"效果"→"模拟"→CC Particle World命令，在"效

果控件"面板中展开参数，如图 8-83 所示。

图8-83

下面对 CC Particle World（CC 粒子世界）效果的主要属性参数进行详细介绍。

※ Grid&Guides（网格向导）：显示或隐藏"位移参考""粒子发射半径参考"和"路径参考"向导。

※ Birth Rate（出生率）：设置粒子出生率数值。

※ Longevity(sec)（寿命）：设置粒子的寿命。

※ Producer（产生）：设置粒子产生时的位置和半径属性。

※ Physics（物理）：设置粒子的物理属性。

※ Particle（粒子）：设置粒子的类型和颜色等属性。

※ Extras（附加）：设置附加的参数，如摄像机效果、立体深度、灯光照射方向和随机种子等。

3. CC Rainfall（CC 下雨）

CC Rainfall（CC 下雨）效果主要用于模拟真实的下雨效果，其应用效果如图 8-84 所示。

图8-84

在"时间轴"面板中选择素材图层，执行"效果"→"模拟"→CC Rainfall 命令，在"效果控件"面板中展开参数，如图 8-85 所示。

图8-85

下面对 CC Rainfall（CC 下雨）效果的主要属性参数进行详细介绍。

※ Drops（降落）：设置降落的雨滴数量。

※ Size（尺寸）：设置雨滴的尺寸。

※ Scene Depth（景深）：设置雨滴的景深效果。

※ Speed（速度）：调节雨滴的降落速度。

※ Wind（风向）：调节吹动雨的风向。

※ Variation%（Wind）：设置风向变化的百分比。

※ Spread（散布）：设置雨的散布程度。

※ Color（颜色）：设置雨滴的颜色。

※ Opacity（不透明度）：设置雨滴的不透明度。

※ Background Reflection（背景反射）：设置背景对雨的反射属性，如背景反射的影响、散布宽度和散布高度。

※ Transfer Mode（传输模式）：从右侧的下拉列表中可以选择传输的模式。

※ Composite With Original（与原始图像混合）：选中该选项，显示背景图像，否则只在画面中显示雨滴。

※ Extras（附加）：设置附加的显示、偏移、随机种子等属性。

4. CC Snowfall（CC 下雪）

CC Snowfall（CC 下雪）效果可以在场景画面中添加雪花，模拟真实的雪花飘落的效果，其应用效果如图 8-86 所示。

图8-86

在"时间轴"面板中选择素材图层,执行"效果"→"模拟"→CC Snowfall命令,在"效果控件"面板中展开参数设置,如图8-87所示。

图8-87

下面对 CC Snowfall(CC下雪)效果的主要属性参数进行详细介绍。

※ Flakes(片数):设置雪花的数量。

※ Size(尺寸):调节雪花的大小。

※ Variation%(Size)(变化(大小)):设置雪花的变化幅度。

※ Scene Depth(景深):设置雪花的景深程度。

※ Speed(速度):设置雪花飘落的速度。

※ Variation%(Speed)(变化(速度)):设置速度的变化量。

※ Wind(风):设置风的大小。

※ Variation%(Wind)(变化(风)):设置风的变化量。

※ Spread(散步):设置雪花的分散程度。

※ Wiggle(晃动):设置雪花的颜色及不透明度属性。

※ Background Illumination(背景亮度):调整雪花背景的亮度。

※ Transfer Mode(传输模式):从右侧的下拉列表中可以选择雪花的输出模式。

※ Composite With Original(与原始图像混合):选中该选项,显示背景图像,否则只在画面中显示雪花。

※ Extras(附加):设置附加的偏移、背景级别和随机种子等属性。

5.粒子运动场

粒子运动场效果可以从物理和数学上对各类自然效果进行描述,从而模拟各种符合自然规律的粒子运动效果,如雨、雪、火等,这是常用的粒子动画效果。

在"时间轴"面板中选择素材图层,执行"效果"→"模拟"→"粒子运动场"命令,在"效果控件"面板中展开参数,如图8-88所示。

图8-88

下面对粒子运动场效果的主要属性参数进行详细介绍。

※ 发射:设置粒子的发射属性。

  » 位置:设置粒子发射点的位置。

  » 圆筒半径:控制粒子活动的半径。

  » 每秒粒子数:设置每秒粒子发射的数量。

  » 方向:设置粒子发射的角度。

  » 随机扩散方向:指定粒子发射方向的随机偏移角度。

  » 速率:调节粒子发射的速度。

  » 随机扩散速率:设置粒子发射速度的随机变化量。

  » 颜色:设置粒子的颜色。

  » 粒子半径:控制粒子的大小。

- ※ 网格：设置网格粒子发射器网格的中心位置、网格边框尺寸、指定圆点或文本字符颜色等属性，网格粒子发射器从一组网格交叉点产生一个连续的粒子面。

- ※ 图层爆炸：可以将对象层分裂为粒子，模拟爆炸效果。

- ※ 粒子爆炸：可以分裂一个粒子成为许多新的粒子，用于设置新粒子的半径和分散速度等属性。

- ※ 图层映射：指定映射图层，并设置映射图层的时间偏移属性。

- ※ 重力：该属性用于设置重力场，可以模拟现实世界中的重力现象。

- ※ 排斥：设置粒子之间的排斥力，以控制粒子相互排斥或吸引的强度。

- ※ 墙：为粒子设置"墙"属性，墙是使用遮罩工具创建出来的一个封闭区域，约束粒子在这个指定的区域中活动。

- ※ 永久属性映射器：改变粒子的属性，保留最近设置的值为剩余寿命的粒子层地图，直到该粒子被排斥力、重力或墙壁等其他属性修改。

- ※ 短暂属性映射器：在每一帧后恢复粒子属性为原始值，其参数设置方式与"永久属性映射器"相同。

6．泡沫

泡沫效果可以模拟出气泡、水珠等真实流体效果，还可以控制泡沫粒子的形态和流动，其应用效果如图8-89所示。

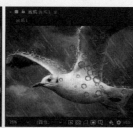

图8-89

在"时间轴"面板中选择素材图层，执行"效果"→"模拟"→"泡沫"命令，在"效果控件"面板中展开参数，如图8-90所示。

下面对泡沫效果的主要属性参数进行详细介绍。

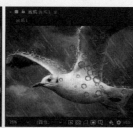

图8-90

- ※ 视图：从右侧的下拉列表中可以选择一种气泡效果的显示方式。

- ※ 制作者：设置气泡粒子发射器的属性。

- ※ 气泡：对气泡粒子的尺寸、寿命及气泡增长速度进行设置。

- ※ 物理学：设置影响粒子运动因素的数值。

  - » 初始速度：设置气泡粒子的初始速度。
  - » 初始方向：设置气泡粒子的初始方向。
  - » 风速：设置影响气泡粒子的风速。
  - » 风向：设置风吹动气泡粒子的方向。
  - » 渐流：设置气泡粒子的混乱程度，数值越大粒子发散越混乱，数值越小，粒子发散越有序。
  - » 摇摆量：设置气泡粒子的摇摆幅度。
  - » 排斥力：控制气泡粒子之间的排斥力。
  - » 弹跳速度：设置气泡粒子的总速率。
  - » 黏度：设置影响气泡粒子间的黏度，数值越小，粒子堆积越紧密。

- ※ 缩放：设置气泡粒子的缩放数值。

- ※ 综合大小：设置气泡粒子的综合尺寸。

- ※ 正在渲染：设置气泡粒子的渲染属性，包括"混合模式""气泡纹理""气泡方向"和"环境映射"等。

- ※ 流动映射：选择一个图层来影响气泡粒子的效果。

- ※ 模拟品质：控制气泡粒子的仿真程度，从右侧的下拉列表中可以选择"正常""高"或"强烈"3种品质。

- ※ 随机植入：指定随机速度影响气泡粒子。

7．碎片

碎片效果主要用于对图像进行粉碎和爆炸处理，并可以控制爆炸的位置、强度、半径等属性，其应用效果如图8-91所示。

图8-91

在"时间轴"面板中选择素材图层，执行"效果"→"模拟"→"碎片"命令，在"效果控件"面板中展开参数，如图8-92所示。

图8-92

下面对碎片效果的主要属性参数进行详细介绍。

※ 视图：指定爆炸效果的显示方式，包括"已渲染""线框正视图""线框""线框正视图+作用力"和"线框+作用力"5种显示方式。

※ 渲染：设置渲染的类型，包括"全部""图层"或"块"3种类型。

※ 形状：可以对爆炸产生的碎片形状进行设置。

※ 作用力1/2：指定两个不同的爆炸力场。

※ 渐变：可以指定一个图层来影响爆炸效果。

※ 物理学：设置爆炸的物理属性。

※ 纹理：设置碎片粒子的颜色和纹理等属性。

※ 摄像机系统：从右侧的下拉列表中可以选择摄像机系统的模式。

※ 摄像机位置：在摄像机系统模式为"摄像机位置"时可以激活该选项，并对其属性参数进行设置。

※ 边角定位：在摄像机系统模式为"边角定位"时可以激活该选项，并对其属性参数进行设置。

※ 灯光：设置灯光类型、强度、颜色和位置等属性。

※ 材质：设置材质属性，包括漫反射、镜面反射和高光锐度。

8.2.8 扭曲

扭曲效果是在不损坏图像质量前提下，对图像进行拉长、扭曲、挤压等变形操作，可以用来模拟3D空间效果，给人以真实的立体感受。After Effects中扭曲效果很多，在此介绍一些常用的扭曲效果。

1. CC Bend It（CC 弯曲）

CC Bend It（CC 弯曲）效果可以指定弯曲区域的始末位置，以实现画面的弯曲效果，主要用于拉伸、收缩、倾斜和扭曲图像，其应用效果如图8-93所示。

图8-93

在"时间轴"面板中选择素材图层，执行"效果"→"扭曲"→CC Bend It命令，在"效果控件"面板中展开参数，如图8-94所示。

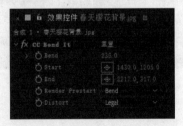

图8-94

下面对 CC Bend It（CC 弯曲）效果的主要属性参数进行详细介绍。

※ Bend（弯曲）：设置图像的弯曲程度。

※ Start（开始）：设置弯曲起始点的位置。

※ End（结束）：设置弯曲结束点的位置。

※ Render Prestart（渲染前）：从右侧的下拉列表中可以选择一种渲染前的模式，以控制图像起始点的状态。

※ Distort（扭曲）：从右侧的下拉列表中可以选择一种渲染前的模式，控制图像结束点的状态。

2．CC Griddler（CC 网格变形）

CC Griddler（CC 网格变形）效果可以将图像分割成若干个网格并进行变形，其应用效果如图 8-95 所示。

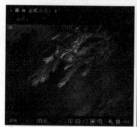

图8-95

在"时间轴"面板中选择素材图层，执行"效果"→"扭曲"→CC Griddler 命令，在"效果控件"面板中展开参数，如图 8-96 所示。

图8-96

下面对 CC Griddler（CC 网格变形）效果的主要属性参数进行详细介绍。

※ Horizontal Scale（水平缩放）：设置网格水平方向的缩放程度。

※ Vertical Scale（垂直缩放）：设置网格垂直方向的缩放程度。

※ Tile Size（拼贴大小）：设置网格的尺寸大小，值越大，网格越大，值越小，网格越小。

※ Rotation（旋转）：设置网格的旋转角度。

※ Cut Tiles（拼贴剪切）：选中该复选框，方格边缘会出现黑边，表现凸起效果。

3．贝塞尔曲线变形

贝塞尔曲线变形效果是在图像的边界上沿一条封闭的贝塞尔曲线变形图像，其应用效果如图 8-97 所示。

图8-97

在"时间轴"面板中选择素材图层，执行"效果"→"扭曲"→"贝塞尔曲线变形"命令，在"效果控件"面板中展开参数，如图 8-98 所示。

图8-98

下面对贝塞尔曲线变形效果的主要属性参数进行详细介绍。

※ 上左顶点：调节顶部左侧的顶点位置。

※ 上左 / 右切点：调节顶部左 / 右切点位置。

※ 右上顶点：调节顶部右侧的顶点位置。

※ 右上 / 下切点：调节右侧上 / 下两个切点的位置。

※ 下右顶点：调节底部右侧的顶点位置。

※ 下右 / 左切点：调节底部左 / 右两个切点的位置。

※ 左下顶点：调节左侧底部的顶点位置。

※ 左下 / 上切点：调节左侧上 / 下两个切点的位置。

※ 品质：调节曲线的精细品质。

4．镜像

镜像效果可以沿分割线划分图像，并反向一侧图像到另一侧，在画面中形成两个镜面对称的图像效果，其应用效果如图8-99所示。

图8-99

在"时间轴"面板中选择素材图层，执行"效果"→"扭曲"→"镜像"命令，在"效果控件"面板中展开参数，如图8-100所示。

图8-100

下面对镜像效果的主要属性参数进行介绍。

※ 反射中心：设置反射参考线的位置。

※ 反射角度：设置反射的角度。

5．网格变形

网格变形效果可以在图像上添加网格，然后调节网格的节点，使图像产生变形效果，其应用效果如图8-101所示。

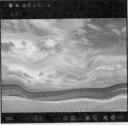

图8-101

在"时间轴"面板中选择素材图层，执行"效果"→"扭曲"→"网格变形"命令，在"效果控件"面板中展开参数，如图8-102所示。

图8-102

下面对网格变形效果的主要属性参数进行详细介绍。

※ 行数：设置网格的行数。

※ 列数：设置网格的列数。

※ 品质：设置图像变形后的质量。

※ 扭曲网格：用于调节分辨率。

6．旋转扭曲

旋转扭曲效果可以在画面中指定一个旋转中心，通过控制旋转角度使画面产生旋转扭曲变形的效果，其应用效果如图8-103所示。

图8-103

在"时间轴"面板中选择素材图层，执行"效果"→"扭曲"→"旋转扭曲"命令，在"效果控件"面板中展开参数，如图8-104所示。

图8-104

下面对旋转扭曲效果的主要属性参数进行详细介绍。

※ 角度：设置扭曲的角度。

※ 旋转扭曲半径：设置扭曲的半径。

※ 旋转扭曲中心：用于设置旋转扭曲的中心点位置。

8.2.9 生成

生成效果组包含了 26 种效果,是后期制作中比较常用的一组效果,该类效果可以根据设置的颜色,或者根据素材画面上的元素产生不同的形状,能在图像上产生各种常见的特效,如闪电、镜头光晕等,也可以对图像进行颜色填充,对路径进行描边等。

1. 高级闪电

高级闪电效果用于模拟真实的闪电效果,可以调节闪电的形状,其应用效果如图 8-105 所示。

图8-105

在"时间轴"面板中选择素材图层,执行"效果"→"生成"→"高级闪电"命令,在"效果控件"面板中展开参数,如图 8-106 所示。

图8-106

下面对高级闪电效果的主要属性参数进行详细介绍。

- ※ 闪电类型:可以从右侧的下拉列表中选择一种闪电类型。
- ※ 源点:设置闪电的开始位置。
- ※ 外径:设置闪电的结束位置。
- ※ 传导率状态:设置闪电传导的随机性。
- ※ 核心设置:设置闪电的核心半径、核心不透明度和核心颜色。

- ※ 发光设置:设置闪电的发光半径、发光不透明度和发光颜色。
- ※ Alpha 障碍:设置 Alpha 通道对闪电的影响程度。
- ※ 湍流:指定闪电路径中的湍流数量。值越大,击打越复杂,其中包含的分支和分叉越多;值越小,击打越简单,其中包含的分支越少。
- ※ 分叉:设置闪电分支的百分比。
- ※ 衰减:指定闪电强度连续衰减或消散的数量,会影响分叉不透明度开始淡化的位置。
- ※ 主核心衰减:选中该复选框,设置闪电主核心衰减。
- ※ 在原始图像上合成:选中该复选框,显示原始图像和闪电,取消选中该复选框,则在画面中只显示闪电。
- ※ 专家设置:用于设置闪电的高级属性,如复杂度、最小分叉距离、终止阈值等。
  - » 复杂度:设置闪电复杂程度。
  - » 最小分叉距离:指定新分叉之间的最小距离。值越小,闪电中的分叉越多。值越大,分叉越少。
  - » 终止阈值:设置分支的阈值百分比。
  - » 分形类型:从右侧的下拉列表中可以选择一种分支类型,包括"线性""半线性"和"样条"三种类型。
  - » 核心消耗:设置每创建一个分支,核心消耗的百分比。
  - » 分叉强度:设置分支强度的百分比。
  - » 分叉变化:设置分支变化的频率数值。

2. 四色渐变

四色渐变效果可以产生四色渐变的画面效果。渐变效果由四个效果点定义,位置和颜色均使用"位置和颜色"控件设置。渐变效果由混合在一起的四个纯色圆形组成,每个圆形均使用一个效果点作为中心,其应用效果如图 8-107 所示。

在"时间轴"面板中选择素材图层,执行"效果"→"生成"→"四色渐变"命令,在"效果控件"面板中展开参数,如图 8-108 所示。

下面对四色渐变效果的主要属性参数进行详细介绍。

第8章 效果的编辑与应用

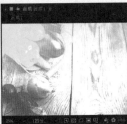

图8-107

在"时间轴"面板中选择素材图层,执行"效果"→"生成"→"梯度渐变"命令,在"效果控件"面板中展开参数,如图8-110所示。

图8-110

下面对梯度渐变效果的主要属性参数进行详细介绍。

※ 渐变起点:设置渐变的起始位置。

※ 起始颜色:设置起始渐变的颜色。

※ 渐变终点:设置渐变的终点位置。

※ 结束颜色:设置渐变结束时的颜色。

※ 渐变形状:指定渐变的类型,包括"线性渐变"和"径向渐变"两种。

※ 渐变散射:将渐变颜色分散并消除光带条纹。

※ 与原始图像混合:设置渐变效果与原始图像的混合百分比。

※ 交换颜色:单击该按钮,可以将"起始颜色"与"结束颜色"互换。

图8-108

※ 点1/2/3/4:设置控制点1/2/3/4的位置。

※ 颜色1/2/3/4:设置控制点1/2/3/4所对应的颜色。

※ 混合:设置颜色过渡,值越大,颜色之间的逐渐过渡层次越多。

※ 抖动:设置渐变中抖动(杂色)的数量。抖动可以减少条纹,仅影响可能出现条纹的区域。

※ 不透明度:设置渐变的不透明度,以图层"不透明度"值的百分比形式表示。

※ 混合模式:设置渐变效果和图层的混合模式。

3.梯度渐变

梯度渐变效果可以在素材上创建线性或径向的颜色渐变效果,其应用效果如图8-109所示。

图8-109

4.填充

填充效果可以向指定的遮罩内填充指定的颜色。

在"时间轴"面板中选择素材图层,执行"效果"→"生成"→"填充"命令,在"效果控件"面板中展开参数,如图8-111所示。

图8-111

下面对填充效果的主要属性参数进行详细介绍。

※ 填充蒙版:指定填充的蒙版图层。

※ 所有蒙版：选中该复选框，激活"水平羽化"和"垂直羽化"参数。

※ 颜色：设置填充的颜色。

※ 水平羽化：设置水平边缘的羽化值。

※ 垂直羽化：设置垂直边缘的羽化值。

※ 不透明度：设置填充颜色的不透明度。

5. 无线电波

无线电波效果可以从一个固定中心点或动画效果控制点创建向外扩散的辐射波，其应用效果如图 8-112 所示。

在"时间轴"面板中选择素材图层，执行"效果"→"生成"→"无线电波"命令，在"效果控件"面板中展开参数，如图 8-113 所示。

图8-112　　　　　图8-113

下面对无线电波效果的主要属性参数进行详细介绍。

※ 产生点：设置波形出现的起始位置。

※ 参数设置为：指定是否可以针对单个波形为参数设置动画，从右侧的下拉列表中可以选择"生成"或"每帧"两种方式。

※ 渲染品质：设置输出时的质量。

※ 波浪类型：指定波形基于的对象，包括"多边形""图像等高线"和"蒙版"。

　　» 多边形：当波浪类型为"多边形"时方可使用，可以设置"边""曲线大小""曲线弯曲度"等属性。

　　» 图像等高线：当波浪类型为"图像等高线"时方可使用，可以对图像等高线的各种属性进行设置。

　　» 蒙版：当波浪类型为"蒙版"时方可使用，用于指定创建波形所用的蒙版。

※ 波动：控制波形的运动。

※ 描边：指定波形描边的外观。

　　» 配置文件：控制定义形状描边的外观。在从效果点发射的波形中，为形状的轮廓设置动画。描边的品质可以定义为 3D 波浪类型。

　　» 颜色：设置电波描边的颜色。

　　» 淡入时间：设置电波从无到 100% 不透明度显示所需时间。

　　» 淡出时间：设置电波从 100% 不透明度显示过渡到无所需的时间。

　　» 开始宽度：设置电波刚产生时的宽度。

　　» 末端宽度：设置电波在寿命结束时的宽度。

6. 音频波形

音频波形效果可以在图层上生成一条波动的音频线，用于模拟跳动音频轨的效果，其应用效果如图 8-114 所示。

图8-114

在"时间轴"面板中选择素材图层，执行"效果"→"生成"→"音频波形"命令，在"效果控件"面板中展开参数，如图 8-115 所示。

下面对音频波形效果的主要属性参数进行详细介绍。

※ 音频层：指定要以波形形式显示的音频层。

※ 起始点：指定音频线开始的位置。

※ 结束点：指定音频线结束的位置。

※ 路径：选择图层上的一条路径，让音频线沿着路径变化，如果设置为"无"，

则音频波形沿图层的路径显示。

图8-115

※ 显示的范例：设置显示在波形中样本的数量。

※ 最大高度：设置显示音频线的最大振幅。

※ 音频持续时间（毫秒）：计算波形音频的持续时间，以毫秒为单位。

※ 音频偏移（毫秒）：检索音频的时间偏移量，以毫秒为单位。

※ 厚度：设置音频线的宽度。

※ 柔和度：设置音频线的羽化和模糊程度。

※ 随机植入（模拟）：设置音频线的随机数量。

※ 内部颜色：设置音频线的内部线条颜色。

※ 外部颜色：设置音频线的外部边缘颜色。

※ 波形选项：设置波形的显示方式。

※ 显示选项：从右侧的下拉列表中可以选择"数字""模拟谱线"和"模拟频点"三种模式。

※ 在原始图像上合成：选中该复选框在画面中显示原始图像。

7. 油漆桶

油漆桶效果是使用纯色填充指定区域的非破坏性绘画效果，它与 Adobe Photoshop 的"油漆桶"工具类似。油漆桶效果可以用于为卡通型轮廓的绘图着色，或者替换图像中的颜色区域，其应用效果如图 8-116 所示。

在"时间轴"面板中选择素材图层，执行"效果"→"生成"→"油漆桶"命令，在"效果控件"面板中展开参数，如图 8-117 所示。

图8-116

图8-117

下面对油漆桶效果的主要属性参数进行详细介绍。

※ 填充点：设置需要填充的位置。

※ 填充选择器：设置填充的类型，包括"颜色和 Alpha""直接颜色""透明度""不透明度""Alpha 通道"。

※ 容差：设置颜色的容差值，值越大，效果填充的像素范围越大。

※ 查看阈值：显示匹配的像素，即这些像素在"填充点"像素颜色值的"容差"值以内。此复选框对跟踪漏洞特别有用，如果存在小空隙，则颜色会溢出，并且填充区域不能进行填充。

※ 描边：选择填充边缘的类型。

※ 反转填充：选中该复选框时，将反转当前的填充区域。

※ 颜色：设置填充的颜色。

※ 不透明度：设置填充颜色的不透明度。

※ 混合模式：设置填充颜色区域与原素材图像的混合模式。

8.2.10 通道

通道效果可以用于控制抽取、插入和转换一个图像色彩的通道，从而使素材图层产生效果。通道包含各自的颜色分量（RGB）、计算颜色值

（HSL）和透明度（Alpha），该效果最大的优势就是经常跟其他效果配合能产生奇妙的效果。

1. CC Composite（CC 混合模式处理）

CC Composite（CC 混合模式处理）效果可以对图层自身进行混合模式处理，并可以为该效果设置动画，其应用效果如图 8-118 所示。

图8-118

在"时间轴"面板中选择素材图层，执行"效果"→"通道"→ CC Composite 命令，在"效果控件"面板中展开参数，如图 8-119 所示。

图8-119

下面对 CC Composite（CC 混合模式处理）效果的主要属性参数进行详细介绍。

※ Opacity（不透明度）：用于调节混合图像的不透明度。

※ Composite Original（与原始图像混合）：从右侧的下拉列表中可以选择一种混合模式，对自身图像进行混合处理。

※ RGB Only（仅 RGB）：仅影响 RGB 色彩。

2. 反转

反转效果可以反转素材图像的颜色信息，模拟底片的效果，其应用效果如图 8-120 所示。

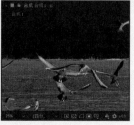

图8-120

在"时间轴"面板中选择素材图层，执行"效果"→"通道"→"反转"命令，在"效果控件"面板中展开参数，如图 8-121 所示。

图8-121

下面对反转效果的主要属性参数进行详细介绍。

※ 通道：从右侧的下拉列表中选择要反转的通道。每个项目组均在特定颜色空间中运行，因此，可以反转该颜色空间中的整幅图像，也可以仅反转单个通道。

※ 与原始图像混合：设置反转图像与原素材图像的混合程度。

3. 复合运算

复合运算效果可以通过数学运算的方式合并应用效果的图层和控件图层，其应用效果如图 8-122 所示。

图8-122

在"时间轴"面板中选择素材图层，执行"效果"→"通道"→"复合运算"命令，在"效果控件"面板中展开参数，如图 8-123 所示。

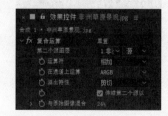

图8-123

下面对复合运算效果的主要属性参数进行详细介绍。

※ 第二个源图层：指定运算中与当前图层一起使用的图层。

※ 运算符：指定在两个图层之间执行的运算方式。

※ 在通道上运算：选择向其应用效果的通道。

※ 溢出特性：设置效果中映射超出 0 ~ 255 灰度范围值的方式，包括"剪切""回绕"和"缩放"。

※ 伸缩第二个源以适合：如果两个图层的尺寸不同，自动缩放第二个图层以匹配当前图层的大小。

※ 与原始图像混合：设置效果图像与原素材图像的混合程度。

4．设置通道

设置通道效果可以将其他图层的通道复制到当前图层的红色、绿色、蓝色和 Alpha 通道中，其应用效果如图 8-124 所示。

图8-124

在"时间轴"面板中选择素材图层，执行"效果"→"通道"→"设置通道"命令，在"效果控件"面板中展开参数，如图 8-125 所示。

图8-125

下面对设置通道效果的主要属性参数进行详细介绍。

※ 源图层 1/2/3/4：分别将本层的 R、G、B、A 四个通道改为其他层。

※ 将源 1/2/3/4 设置为红色 / 绿色 / 蓝色 / Alpha：选择本层要被替换的 R、G、B、A 通道。

※ 如果图层大小不同：如果两个图层的尺寸不同，选中"伸缩图层以适合"复选框，使两个图层的尺寸相匹配。

5．设置遮罩

设置遮罩效果可以将某图层的 Alpha 通道替换为该图层上面的另一个图层的通道，以此创建运动遮罩效果，其应用效果如图 8-126 所示。

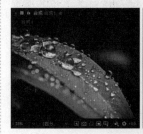

图8-126

在"时间轴"面板中选择素材图层，执行"效果"→"通道"→"设置遮罩"命令，在"效果控件"面板中展开参数，如图 8-127 所示。

图8-127

下面对设置遮罩效果的主要属性参数进行详细介绍。

※ 从图层获取遮罩：指定要应用遮罩的图层。

※ 用于遮罩：从右侧的下拉列表中选择作为本图层遮罩的通道。

※ 反转遮罩：选中该复选框，将遮罩反向。

※ 如果图层大小不同：两个图层图像尺寸不同，可以选中"伸缩遮罩以适合"复选框，使两个图层的尺寸统一。

※ 将遮罩与原始图像：将遮罩与原图像透明度混合。

※ 预乘遮罩图层：将新遮罩图层预乘当前图层。

6．通道合成器

通道合成器效果可以用来提取、显示和调整图层的通道值，其应用效果如图 8-128 所示。

图8-128

在"时间轴"面板中选择素材图层，执行"效果"→"通道"→"通道合成器"命令，在"效果控件"面板中展开参数，如图8-129所示。

图8-129

下面对通道合成器效果的主要属性参数进行详细介绍。

※ 使用第二个图层：从源图层检索值，源图层可以是合成中的任何图层。

※ 源图层：在选中"使用第二个图层"复选框，方可使用"源图层"，在右侧的下拉列表中选择一个图层作为源图层。

※ 自：选择来源信息和被改变后的信息。

※ 反转：选中该复选框可以反转所选的信息。

※ 纯色 Alpha：选中该复选框，使整个图层的 Alpha 通道值为 1.0（完全不透明）。

7．移除颜色遮罩

移除颜色遮罩效果可以从带有预乘颜色通道的图层移除色边（色晕），也可以消除或改变遮罩的颜色。将此效果与创建透明度的效果（如抠像效果）结合使用，可以增强对部分透明区域外观的控制。在"时间轴"面板中选择素材图层，执行"效果"→"通道"→"移除颜色遮罩"命令，在"效果控件"面板中展开参数，如图8-130所示。

图8-130

下面对移除颜色遮罩效果的主要属性参数进行详细介绍。

※ 背景颜色：选择要消除的背景颜色。

※ 剪切：设置是否剪切 HDR 结果。

8．最小 / 最大

最小 / 最大效果可以对指定的通道进行像素计算，并为每个通道分配指定半径内该通道的最小值或最大值，其应用效果如图8-131所示。

图8-131

在"时间轴"面板中选择素材图层，执行"效果"→"通道"→"最小 / 最大"命令，在"效果控件"面板中展开参数，如图8-132所示。

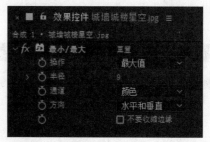

图8-132

下面对最小 / 最大效果的主要属性参数进行详细介绍。

※ 操作：选择作用的方式，包括"最小值""最大值""先最小值再最大值"和"先最大值再最小值"四种方式。

※ 半径：设置作用半径，半径越大，效果越强烈。

※ 通道：从右侧的下拉列表中选择一种应用通道，对 R、G、B 和 Alpha 通道单独产生作用，而不影响画面的其他元素。

※ 方向：设置作用方向，包括"水平和垂直""仅水平"和"仅垂直"三种方向模式。

※ 不要收缩边缘：选中该复选框，取消收缩边缘效果。

8.2.11 透视

透视效果是专门对素材进行各种三维透视变化的一组特效,包括 3D 眼镜、3D 摄像机跟踪器、CC Cylinder(CC 圆柱体)、CC Environment(CC 环境贴图)、CC Sphere(CC 球体)、CC Spotlight(CC 聚光灯)、边缘斜面、径向阴影、投影和斜面 Alpha 十种效果,如图 8-133 所示,下面将对每种效果进行详细介绍。

图 8-133

1. 3D 眼镜

3D 眼镜效果可以把两种图像作为空间内的两个元素物体,再通过指定左右视图的图层,将两种图像在新空间融合为一体,其应用效果如图 8-134 所示。

图 8-134

在"时间轴"面板中选择素材图层,执行"效果"→"透视"→"3D 眼镜"命令,在"效果控件"面板中展开参数,如图 8-135 所示。

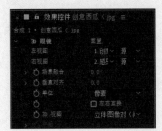

图 8-135

下面对 3D 眼镜效果的主要属性参数进行详细介绍。

※ 左视图:选择在左侧显示的图层。

※ 右视图:选择在右侧显示的图层。

※ 场景融合:设置画面的融合程度。

※ 垂直对齐:设置左右视图相对的垂直偏移数值。

※ 单位:设置偏移的单位。

※ 左右互换:选中该复选框,将左右视图互换。

※ 3D 视图:指定 3D 视图模式。

※ 平衡:设置画面的平衡程度。

2. 3D 摄像机跟踪器

3D 摄像机跟踪器效果可以对视频序列进行分析,以提取摄像机运动和 3D 场景数据,其应用效果如图 8-136 所示。

在"时间轴"面板中选择素材图层,执行"效果"→"透视"→"3D 摄像机跟踪器"命令,在"效果控件"面板中展开参数,如图 8-137 所示。

图 8-136   图 8-137

下面对 3D 摄像机跟踪器效果的主要属性参数进行详细介绍。

※ 分析 / 取消:设置开始或停止素材的后台分析。在分析期间,状态显示为素材上的一个横幅并且位于"取消"按钮旁。

※ 拍摄类型:指定是以视图的固定角度、变量缩放,还是以指定视角来捕捉素材,更改此设置需要解析。

※ 显示轨迹点:将检测到的特性显示为带透视提示的 3D 点(已解析的 3D)或由特性跟踪捕捉的 2D 点(2D 源)。

※ 渲染跟踪点:设置是否渲染跟踪点。

※ 跟踪点大小:设置跟踪点的显示大小。

※ 目标大小:设置目标的大小。

※ 高级:设置 3D 摄像机跟踪器效果的高级控件。

3．CC Cylinder（CC 圆柱体）

CC Cylinder（CC 圆柱体）效果可以把二维图像卷成一个圆柱体，模拟三维圆柱体效果，其应用效果如图 8-138 所示。

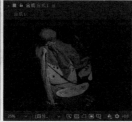

图8-138

在"时间轴"面板中选择素材图层，执行"效果"→"透视"→CC Cylinder 命令，在"效果控件"面板中展开参数，如图 8-139 所示。

图8-139

下面对 CC Cylinder（CC 圆柱体）效果的主要属性参数进行详细介绍。

※ Radius（半径）：设置圆柱体的半径。

※ Position（位置）：设置圆柱体在画面中的位置。

※ Rotation（旋转）：设置圆柱体的角度。

※ Render（渲染）：设置圆柱体在视图中的显示方式，包括 Full（全部）、Outside（外面）、Inside（里面）三种。

※ Light（灯光）：设置圆柱体的灯光属性，包括灯光强度、灯光颜色、灯光高度和灯光方向。

※ Shading（阴影）：设置阴影属性，包括漫反射、固有色、高光、粗糙程度和材质。

4．径向阴影

径向阴影效果可以在素材图像背后产生投射阴影，并可以对阴影的颜色、投射角度、投射距离等属性进行设置，其应用效果如图 8-140 所示。

图8-140

在"时间轴"面板中选择素材图层，执行"效果"→"透视"→"径向阴影"命令，在"效果控件"面板中展开参数，如图 8-141 所示。

图8-141

下面对径向阴影效果的主要属性参数进行详细介绍。

※ 阴影颜色：设置阴影显示的颜色。

※ 不透明度：设置阴影的不透明度。

※ 光源：调节阴影的投射角度。

※ 投影距离：调节阴影的投射距离。

※ 柔和度：设置阴影的柔化程度。

※ 渲染：设置阴影的显示方式，包括"常规"和"玻璃边缘"两种显示方式。

※ 颜色影响：设置颜色对阴影的影响程度。

※ 仅阴影：选中该复选框，在画面中只显示阴影，原始素材图像将被隐藏。

※ 调整图层大小：调整阴影图层的尺寸。

5．投影

投影效果可以添加显示在图层后面的阴影，常用于制作文字阴影的效果，图层的 Alpha 通道将确定阴影的形状，其应用效果如图 8-142 所示。

图8-142

在"时间轴"面板中选择素材图层，执行"效果"→"透视"→"投影"命令，在"效果控件"面板中展开参数，如图8-143所示。

图8-143

下面对投影效果的主要属性参数进行详细介绍。

- ※ 阴影颜色：设置阴影显示的颜色。
- ※ 不透明度：设置阴影的不透明度。
- ※ 方向：调节阴影的投射角度。
- ※ 距离：调节阴影的距离。
- ※ 柔和度：设置阴影的柔化程度。
- ※ 仅阴影：选中该复选框，在画面中只显示阴影，原始素材图像将被隐藏。

6. 斜面 Alpha

斜面 Alpha 效果可以为图像的 Alpha 边界增添凿刻、明亮的外观，通常为 2D 元素增添 3D 外观，其应用效果如图 8-144 所示。

图8-144

在"时间轴"面板中选择素材图层，执行"效果"→"透视"→"斜面 Alpha"命令，在"效果控件"面板中展开参数，如图 8-145 所示。

图8-145

下面对斜面 Alpha 效果的主要属性参数进行详细介绍。

- ※ 边缘厚度：设置边缘的厚度。
- ※ 灯光角度：设置灯光的方向。
- ※ 灯光颜色：调节灯光的颜色。
- ※ 灯光强度：设置灯光的强弱程度。

8.2.12 文本

文本效果组包括"编号"和"时间码"两种效果，它们都是用于辅助文字的工具，以便制作更丰富、更绚丽的文字特效，下面将分别对这两种效果进行详细介绍。

1. 编号

编号效果可以生成不同格式的随机数或序数，例如小数、日期和时间码，甚至是当前日期和时间（在渲染时），其应用效果如图 8-146 所示。

图8-146

在"时间轴"面板中选择素材图层，执行"效果"→"文本"→"编号"命令，在"效果控件"面板中展开参数，如图 8-147 所示。

下面对编号效果的主要属性参数进行详细介绍。

- ※ 类型：从右侧的下拉列表中指定文本的类型。

图8-147

※ 随机值：选中该复选框使数字随机变化。

※ 数值/位移/随机：设置数字随机离散范围，因所选类型以及是否选中"随机值"复选框而异。

※ 小数位数：设置数字文本小数点的位置。

※ 当前时间/日期：用计算机系统当前的时间/日期显示数字。

※ 填充和描边：设置文字填充和描边属性。

※ 位置：调整数字在画面中的位置。

※ 显示选项：可以指定文字的显示方式，包括"仅填充""仅描边""在描边上填充"和"在填充上描边"四种方式。

※ 填充颜色：设置文字的填充颜色。

※ 描边颜色：设置文字描边的颜色。

※ 描边宽度：设置文字描边的宽度。

※ 大小：设置文字的大小。

※ 字符间距：设置字符之间的平均距离。

※ 比例间距：数字使用比例间隔，而不是等宽间隔。

※ 在原始图像上合成：选中该复选框，显示原始素材，否则画面中的背景为黑色。

2．时间码

时间码效果用于在图层上显示时间码或帧编号信息，也可以用于渲染输出后的其他制作，其应用效果如图 8-148 所示。

在"时间轴"面板中选择素材图层，执行"效果"→"文本"→"时间码"命令，在"效果控件"面板中展开参数，如图 8-149 所示。

图8-148

图8-149

下面对时间码效果的主要属性参数进行详细介绍。

※ 显示格式：设置时间码的显示格式，包括"SMPTE 时：分：秒：帧""帧编号""英尺＋帧（35 毫米）"和"英尺＋帧（16 毫米）"四种格式。

※ 时间源：设置效果的源，从右侧的下拉列表中可以选择"图层源""合成"或"自定义"选项。

※ 文本位置：设置时间编码在合成画面中的位置。

※ 文字大小：设置时间码文字的大小。

※ 文本颜色：设置时间码的颜色。

※ 方框颜色：设置时间码背景框的颜色。

※ 不透明度：设置时间码的不透明度。

※ 在原始图像上合成：选中该复选框，显示原始素材，否则画面中的背景为黑色。

8.2.13 杂色和颗粒

杂色和颗粒效果可以用于为素材画面添加杂色和颗粒，模拟一些斑点、刮痕或噪波等效果。杂色和颗粒效果组中包含了 11 种效果，如图 8-150 所示（中间值与中间值（旧版）效果相同），下面将对主要效果进行详细介绍。

第8章 效果的编辑与应用

图8-150

1. 分形杂色

分形杂色效果可以使用柏林杂色创建用于自然景观背景、置换图和纹理的灰度杂色，可以模拟云、火、水蒸气或流水等效果，其应用效果如图8-151所示。

图8-151

在"时间轴"面板中选择素材图层，执行"效果"→"杂色和颗粒"→"分形杂色"命令，在"效果控件"面板中展开参数，如图8-152所示。

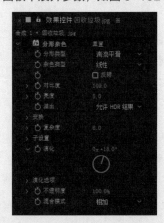

图8-152

下面对分形杂色效果的主要属性参数进行详细介绍。

※ 分形类型：从右侧的下拉列表中可以指定分形的类型。

※ 杂色类型：选择杂色的类型，包括"块"

"线性""柔和线性"和"样条"四种类型。

※ 反转：选中该复选框对图像的颜色进行反转。

※ 对比度：设置添加杂色的图像对比度。

※ 亮度：调节杂色的亮度。

※ 溢出：从右侧的下拉列表中选择溢出方式，包括"剪切""柔和固定""反绕"和"允许 HDR 结果"四种溢出方式。

※ 变换：设置杂色的旋转、缩放和偏移等属性。

※ 复杂度：设置杂色图案的复杂程度。

※ 子设置：设置杂色的子属性，如"子影响""子缩放"和"子旋转"等。

※ 演化：设置杂色的演化角度。

※ 演化选项：对杂色变化的"循环演化""随机植入"等属性进行设置。

※ 不透明度：设置杂色图像的不透明度。

※ 混合模式：指定杂色图像与原始图像的混合模式。

2. 中间值

中间值效果可以将每个像素替换为具有指定半径相邻像素的中间颜色值的像素，以此来去除杂色。"半径"值较小时，此效果可以用于降低某些类型的杂色深度。"半径"值较大时，此效果可以为图像提供艺术外观，其应用效果如图8-153所示。

图8-153

在"时间轴"面板中选择素材图层，执行"效果"→"杂色和颗粒"→"中间值"命令，在"效果控件"面板中展开参数，如图8-154所示。

图8-154

下面对中间值效果的主要属性参数进行详细介绍。

※ 半径：设置像素的半径。

※ 在 Alpha 通道上运算：设置是否在 Alpha 通道上运算。

3. 杂色

杂色效果可以随机更改整幅图像的像素值，并在画面中添加细小的杂点，其应用效果如图8-155 所示。

图8-155

在"时间轴"面板中选择素材图层，执行"效果"→"杂色和颗粒"→"杂色"命令，在"效果控件"面板中展开参数，如图 8-156 所示。

图8-156

下面对杂色效果的主要属性参数进行详细介绍。

※ 杂色数量：调节杂色的数量，数值越大，在画面中产生的杂点越多。

※ 杂色类型：设置是否使用杂色，选中"使用杂色"复选框，可以使杂色应用彩色像素。

※ 剪切：选中"剪切结果值"复选框，可以使原像素和彩色像素交替出现。

4. 杂色 Alpha

杂色 Alpha 效果可以将杂色添加到 Alpha 通道中，其应用效果如图 8-157 所示。

在"时间轴"面板中选择素材图层，执行"效果"→"杂色和颗粒"→"杂色 Alpha"命令，在"效果控件"面板中展开参数，如图 8-158 所示。

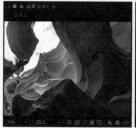

图8-157

图8-158

下面对杂色 Alpha 效果的主要属性参数进行详细介绍。

※ 杂色：从右侧下拉列表中选择杂色的类型，包括"统一随机""方形随机""统一动画""方形动画"四种类型。

※ 数量：设置杂色的数量。

※ 原始 Alpha：从右侧下拉列表中选择杂色的原始 Alpha 通道，包括"相加""固定""缩放"和"边缘"。

※ 溢出：选择杂色溢出的方式，包括"剪切""反绕"和"回绕"三种方式。

※ 随机植入：设置杂色的随机度。

※ 杂色选项（动画）：设置杂色的循环属性。

5. 杂色 HLS

杂色 HLS 效果可以将杂色添加到图像的色相、亮度和饱和度分量，其应用效果如图 8-159 所示。

在"时间轴"面板中选择素材图层，执行"效果"→"杂色和颗粒"→"杂色 HLS"命令，在"效果控件"面板中展开参数，如图 8-160 所示。

下面对杂色 HLS 效果的主要属性参数进行详细介绍。

※ 杂色：从右侧下拉列表中选择杂色的类型，包括"统一""方形""颗粒"三种类型。

※ 色相：设置添加到色相值的杂色数量。

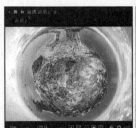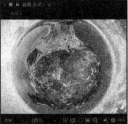

图8-159

图8-160

图8-162

下面对湍流杂色效果的主要属性参数进行详细介绍。

※ 亮度：设置添加到亮度值的杂色数量。

※ 分形类型：从右侧的下拉列表中可以指定分形的类型。

※ 饱和度：设置添加到饱和度值的杂色数量。

※ 杂色类型：选择杂色的类型，包括"块""线性""柔和线性""样条"四种类型。

※ 颗粒大小：设置杂点的尺寸。

※ 杂色相位：设置杂色的相位，在设置"杂色相位"关键帧后，此效果会循环使用这些相位以创建杂色动画。关键帧之间的差值越大，杂色动画的速度越快。

※ 反转：选中该复选框对图像的颜色进行反转。

※ 对比度：设置添加杂色的图像对比度。

※ 亮度：调节杂色的亮度。

6. 湍流杂色

湍流杂色效果与分形杂色效果类似，都可以使用柏林杂色创建用于自然景观背景、置换图和纹理的灰度杂色，可以模拟云、火、水蒸气或流水等效果，其应用效果如图 8-161 所示。

※ 溢出：从右侧的下拉列表中选择溢出方式，包括"剪切""柔和固定""反绕"和"允许 HDR 结果"四种溢出方式。

※ 变换：设置杂色的旋转、缩放和偏移等属性。

※ 复杂度：设置杂色图案的复杂程度。

※ 子设置：设置杂色的子属性，如"子影响"和"子缩放"属性。

图8-161

※ 演化：设置杂色的演化角度。

※ 演化选项：对杂色变化的"湍流因素""随机植入"等属性进行设置。

※ 不透明度：设置杂色图像的不透明度。

※ 混合模式：用于指定杂色图像与原始图像的混合模式。

7. 移除颗粒

移除颗粒效果可以用于移除画面中的颗粒或可见杂色，其应用效果如图 8-163 所示。

在"时间轴"面板中选择素材图层，执行"效果"→"杂色和颗粒"→"湍流杂色"命令，在"效果控件"面板中展开参数，如图 8-162 所示。

在"时间轴"面板中选择素材图层，执行"效果"→"杂色和颗粒"→"移除颗粒"命令，在"效果控件"面板中展开参数，如图 8-164 所示。

图8-163

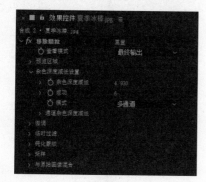

图8-164

下面对移除颗粒效果的主要属性参数进行详细介绍。

※ 查看模式：设置效果的显示模式，包括"预览""杂色样本""混合遮罩"和"最终输出"四种显示模式。

※ 预览区域：设置查看模式中"预览"的属性数值。

※ 杂色深度减低设置：设置杂色减低的各项属性数值。

※ 微调：对该选项组中的"色度抑制""纹理""杂点大小偏差"和"清理固态区域"属性进行精细调节。

※ 临时过滤：设置是否开启临时过滤功能，并控制过滤的数量和运动敏感度。

※ 钝化蒙版：设置锐化蒙版的"数量""半径"和"阈值"属性数值，用来控制图像的反锐利化蒙版程度。

※ 采样：控制采样情况，如源帧、样本数量、样本大小和采样框颜色等。

※ 与原始图像混合：用于设置与原始图像混合的各种属性数值。

8.2.14 遮罩

遮罩效果组包含五种效果，如图8-165所示。

它们可以创建遮罩，并用于配合键控效果对素材图像进行抠像，下面将对各个遮罩效果进行详细介绍。

调整实边遮罩
调整柔和遮罩
遮罩阻塞工具
简单阻塞工具

图8-165

1. 调整实边遮罩

调整实边遮罩效果可以平滑锐利或颤动的Alpha通道边缘，其应用效果如图8-166所示。

图8-166

在"时间轴"面板中选择素材图层，执行"效果"→"遮罩"→"调整实边遮罩"命令，在"效果控件"面板中展开参数，如图8-167所示。

图8-167

下面对调整实边遮罩效果的主要属性参数进行详细介绍。

※ 羽化：调节遮罩边缘的羽化数值。

※ 对比度：调节遮罩边缘的对比强度。

※ 移动边缘：收缩或扩展遮罩边缘。

※ 减少震颤：设置减少震颤的数值。

※ 使用运动模糊：选中该复选框，可以开启"运动模糊"选项。

※ 运动模糊：设置遮罩边缘运动模糊的相关属性。

※ 净化边缘颜色：选中该复选框，可以开启"净化"选项。

※ 净化：设置遮罩边缘净化的相关属性。

※ 数量：设置遮罩边缘的净化程度。

※ 扩展平滑的地方：选中该复选框，可以扩展遮罩边缘平滑的区域。

※ 增大半径：加大遮罩边缘的净化范围。

※ 查看地图：选中该复选框，可以查看当前净化的范围。

2．调整柔和遮罩

调整柔和遮罩效果，可以使遮罩边缘变柔和，用于制作遮罩边缘的柔化效果，其应用效果如图8-168所示。

图8-168

在"时间轴"面板中选择素材图层，执行"效果"→"遮罩"→"调整柔和遮罩"命令，在"效果控件"面板中展开参数，如图8-169所示。

图8-169

下面对调整柔和遮罩效果的主要属性参数进行详细介绍。

※ 计算边缘细节：选中该复选框能对遮罩边缘进行精确计算，产生不规则的边缘。

※ 其他边缘半径：设置遮罩边缘的半径，只有在选中"计算边缘细节"复选框时才能使用。

※ 查看边缘区域：选中该复选框，可以将遮罩描边。

※ 平滑：设置遮罩边缘的平滑程度。

※ 羽化：调节遮罩边缘的羽化数值。

※ 对比度：调节遮罩边缘的对比度。

※ 移动边缘：收缩或扩展遮罩边缘。

※ 震颤减少：从右侧的下拉列表中选择减少震颤的方式，包括"关闭""更详细""更平滑（更慢）"。

※ 减少震颤：设置减少震颤的数值，只有在"震颤减少"方式为非"关闭"状态可用。

※ 更多运动模糊：选中该复选框，可以开启"运动模糊"选项。

※ 运动模糊：设置遮罩边缘的运动模糊相关属性。

※ 净化边缘颜色：选中该复选框，可以开启"净化"选项。

※ 净化：设置遮罩边缘净化的相关属性。

※ 数量：设置遮罩边缘的净化程度。

※ 扩展平滑的地方：选中该复选框，可以扩展遮罩边缘平滑的地方。

※ 增大半径：加大遮罩边缘的净化范围。

※ 查看地图：选中该复选框，可以查看当前净化的范围。

3．遮罩阻塞工具

遮罩阻塞工具效果可以重复一连串阻塞和扩展遮罩操作，以在不透明区域填充不需要的缺口，其应用效果如图8-170所示。

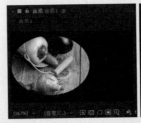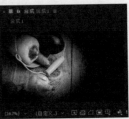

图8-170

在"时间轴"面板中选择素材图层，执行"效果"→"遮罩"→"遮罩阻塞工具"命令，在"效果控件"面板中展开参数，如图8-171所示。

图8-171

下面对遮罩阻塞工具效果的主要属性参数进行详细介绍。

※ 几何柔和度1/2：指定最大扩展或缩小量（以像素为单位）。

※ 阻塞1/2：设置阻塞数量。负值用于扩展遮罩；正值用于缩小遮罩。

※ 灰色阶柔和度1/2：设置遮罩边缘的柔和程度。

※ 迭代：指定重复阻塞和扩展遮罩边缘的次数。

4．简单阻塞工具

简单阻塞工具效果可以小增量缩小或扩展遮罩边缘，以便创建更整洁的遮罩，其应用效果如图8-172所示。

图8-172

在"时间轴"面板中选择素材图层，执行"效果"→"遮罩"→"简单阻塞工具"命令，在"效果控件"面板中展开参数，如图8-173所示。

图8-173

下面对简单阻塞工具效果的主要属性参数进行详细介绍。

※ 视图：从右侧下拉列表中可以指定视图的类型，包括"最终输出"和"遮罩"两种视图类型。"最终输出"视图用于显示应用此效果的图像；"遮罩"视图用于为包含黑色区域（表示透明度）和白色区域（表示不透明度）的图像提供黑白视图。

※ 阻塞遮罩：调整遮罩边缘的扩展或缩小数值。正值缩小遮罩边缘，负值扩展遮罩边缘。

8.2.15 实例：天空效果

本实例主要通过新建纯色图层，添加分形杂色模拟天空形状，然后绘制蒙版，添加色阶、梯度渐变等效果，制作天空运动动画，具体的操作步骤如下。

01 打开After Effects 2022，执行"合成"→"新建合成"命令，创建一个预设为PAL D1/DV的合成，设置"持续时间"为0:00:05:00，并将其命名为"天空1"，然后单击"确定"按钮，如图8-174所示。

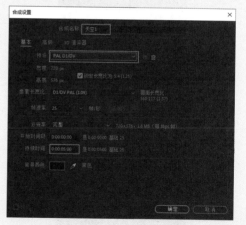

图8-174

02 在"天空1"合成的"时间轴"面板中创建一个纯色层，将其命名为"天空"，设置"大小"值为720像素×576像素，最后设置"颜色"为黑色，如图8-175所示。

03 在"时间轴"面板中选择"天空"图层，执行"效果"→"杂色和颗粒"→"分形杂色"命令，展开"效果控件"面板，设置"分形类型"为"辅助比例"。选择"纯色"图层，设置"对比度"值为200.0。

选择"纯色"图层,设置"溢出"为"剪切",展开变换属性,设置"缩放宽度"值为200.0。选择"纯色"图层,设置"缩放高度"值为100.0,最后展开"子设置"属性,设置"子影响(%)"值为60.0。选择"纯色"图层,设置"子缩放"值为50.0,具体参数设置如图8-176所示。

图8-175

图8-176

04 展开"分形杂色"属性,将时间轴拖至0:00:00:00,设置"偏移(湍流)"值为208.0,382.0。选择"纯色"图层,设置"子旋转"值为0×+0.0°。选择"纯色"图层,设置"演化"值为0×+0.0°,并分别为其设置关键帧;将时间轴移至0:00:04:24,设置"偏移(湍流)"值为524.0,122.0。选择"纯色"图层,设置"子旋转"值为0×

-5.0°。选择"纯色"图层,设置"演化"值为0×+180.0°,具体参数设置及在"合成"面板中的对应效果,如图8-177和图8-178所示。

图8-177

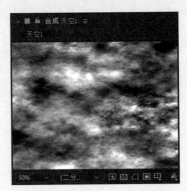

图8-178

05 按快捷键Ctrl+N,创建一个合成,将其命名为"天空2"。在"项目"面板中将"天空1"合成拖入"天空2"合成的"时间轴"面板。选择"天空1"合成,按快捷键Ctrl+D复制一个图层,最后设置复制出的图层起点在0:00:03:00处,如图8-179所示。

图8-179

06 按快捷键Ctrl+N,创建新的合成,并将其命名为"天空3"。在"项目"面板中将"天空2"合成拖入"天空3"合成的"时间轴"面板,接着按快捷键Ctrl+Y,创建一个纯色层,并将其命名为"背景",最后设置"颜色"为黑色。

07 单击激活"天空2"图层的三维开关,执行"图层"→"新建"→"摄像机"命令,创建一台摄像机,设置摄像机的"位置"值为402.0,250.0,-222.0。最后选择"天空2"图层,设置"方向径"值为50.0°,0.0°,0.0°,如图8-180所示。

图8-180

08 按快捷键Ctrl+N，创建新的合成，并将其命名为"天空4"。在"项目"面板中将"天空3"合成拖入"天空4"合成的"时间轴"面板。使用"矩形"工具绘制一个如图8-181所示的蒙版，最后设置"蒙版羽化"值为0.0,200.0像素。

09 按快捷键Ctrl+N，创建一个合成，并将其命名为"天空5"。在"项目"面板中将"天空4"合成拖入"天空5"合成的"时间轴"面板。选择"天空4"图层，执行"效果"→"颜色校正"→"色阶"命令，在"效果控件"面板中设置"通道"为Alpha。选择"纯色"图层，设置"Alpha输入黑色"值为67.0。选择"纯色"图层，设置"Alpha输入白色"值为122.0，具体参数设置如图8-182所示。

图8-183

11 按快捷键Ctrl+N，创建一个合成，并将其命名为"天空6"。按快捷键Ctrl+Y，创建一个纯色层，并将其命名为"天空"。选择"天空"图层，执行"效果"→"生成"→"梯度渐变"命令，在"效果控件"面板中设置"渐变起点"值为360.0,0.0。选择"纯色"图层，设置"渐变终点"值为360.0,576.0。选择"纯色"图层，设置"起始颜色"为蓝色（R:43,G:170,B:251）。选择"纯色"图层，设置"结束颜色"为粉色（R:250,G:167,B:229），具体参数设置如图8-184所示。

图8-184

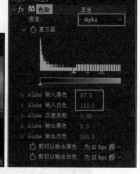

图8-181　　　　　图8-182

10 选择"天空4"图层，执行"效果"→"颜色校正"→"色相/饱和度"命令，在"效果控件"面板中设置"主色相"值为0×+20.0°，具体参数设置如图8-183所示。

12 选择"天空"图层，执行"效果"→"生成"→"镜头光晕"命令，在"效果控件"面板中设置"光晕中心"值为128.0,520.0。选择"纯色"图层，设置"光晕亮度"值为160%，具体参数设置如图8-185所示。

图8-185

13 按快捷键Ctrl+N，创建一个合成，并将其命名为Final。在"项目"面板中将"天空4"选择"纯色"图层，"天空5"和"天空6"合成拖入Final合成的"时间轴"面板，然后选择"天空4"图层，重命名为"天空4-1"。按快捷键Ctrl+D复制两个图层，复制后的图层分别为"天空4-2"和"天空4-3"。

14 选择"天空4-1"图层，执行"效果"→"生成"→"梯度渐变"命令，在"效果控件"面板中设置"渐变起点"值为360.0,0.0。选择"纯色"图层，设置"渐变终点"值为360.0,480.0。选择"纯色"图层，"起始颜色"为白色（R:255,G:255,B:255）。选择"纯色"图层，设置"结束颜色"为蓝色（R:120,G:195,B:255），具体参数设置如图8-186所示。

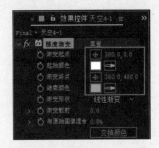

图8-186

15 调节各个图层的位置，设置"天空4-3"图层的叠加模式为"柔光"，"天空4-2"图层的叠加模式为"屏幕"。选择"纯色"图层，设置"天空4-1"图层的叠加模式为"相乘"，"天空5"图层的叠加模式为"叠加"，如图8-187所示。

图8-187

16 至此，本例动画制作完毕，按小键盘上的0键预览动画，效果如图8-188～图8-191所示。

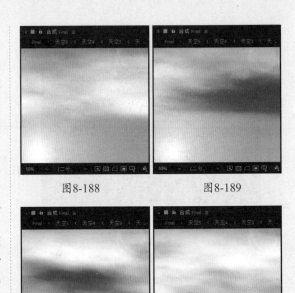

图8-188　　　　　　图8-189

图8-190　　　　　　图8-191

8.3 综合实例：公益城市包装

本实例主要是通过添加曲线特效，使背景更加柔和，然后创建点光，制作关键帧动画，再添加Particular特效和发光，制作科技感射线效果，最后新建图层，为其添加无线电波特效，具体的操作步骤如下。

01 打开After Effects 2022，执行"合成"→"新建合成"命令，创建一个预设为HDTV 1080 25的合成，设置"持续时间"为0:00:08:00，并将其命名为"公益城市包装"，单击"确定"按钮，如图8-192所示。

图8-192

02 执行"文件"→"导入"→"文件…"命令，或者按快捷键Ctrl+I，导入"源文件/第8章/8.3综合实战/Footage"文件夹中的"素材.mp4"视频文件，如图8-193和图8-194所示。

图8-193　　　　　图8-194

03 将"项目"面板中的"素材.mp4"视频素材拖至"时间轴"面板，执行"效果"→"颜色校正"→"曲线"命令，打开"曲线"效果属性，调整曲线如图8-195所示，调整效果如图8-196所示。

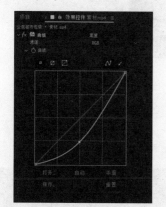

图8-195

图8-196

04 按快捷键Ctrl+Y新建"粒子"纯色层，并单击"可视"按钮 ■ ，隐藏该纯色层，如图8-197所示。

05 按快捷键Ctrl+Alt+Shift+L新建灯光，命名为

"灯光1"，设置"灯光类型"为"点"，如图8-198所示。选择"灯光1"图层，将时间轴移至0:00:00:00，按P键调出位置属性，设置"位置"值为138.0,536.0,−764.7，并单击"时间变化秒表"按钮 ■ ，如图8-199所示。

图8-197

图8-198

图8-199

06 调整效果如图8-200所示。选择"灯光1"图层，将时间轴移至0:00:03:00，设置"位置"值为1828.0,535.0,−764.7，调整参数如图8-201所示，调整效果如图8-202所示。

图8-200

07 选择"粒子"图层，执行"效果"→RG Trapcode→Particular命令，单击激活"可视"

按钮 ⊙，如图8-203所示，调整效果如图8-204
所示。

图8-201

图8-202

图8-203

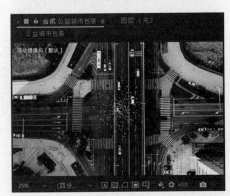

图8-204

08 打开Particular效果控件，展开"发射器"属
性，设置"发射器类型"为"灯光"，如图

8-205所示。

图8-205

09 单击"灯光名"并命名为"灯光"（只有当
灯光名和"时间轴"面板中的灯光名字相同
时，"合成"面板才有效果），调整参数如
图8-206所示。

图8-206

10 调整效果如图8-207所示，设置"粒子/秒"
值为400，"速度""速度随机""速度分
布""速度跟随运动""发射器大小"参数
均为0.0，调整参数如图8-208所示。

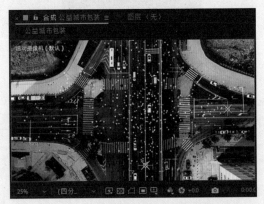

图8-207

11 调整效果如图8-209所示，展开"粒子"设
置，设置"生命[秒]"值为2.6，"粒子类
型"为"条状光线"，设置"大小"值为
102.0，调整参数如图8-210所示。

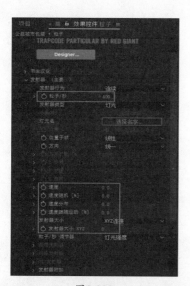

图8-208

图8-211

图8-209

图8-212

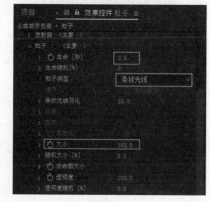

图8-210

图8-213

12 调整效果如图8-211所示。展开"生命期透明度",在PRESETS菜单中选择第二种效果,调整参数如图8-212所示。

13 设置"颜色"值为8DFCFB,调整参数如图8-213所示。

14 调整效果如图8-214所示。展开"条状光线"设置,设置"条状光线数量"值为50,"光线大小"值为2,"随机种子"值为180,调整参数如图8-215所示。

图8-214

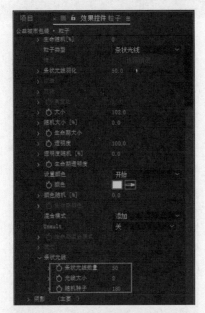

图8-215

15 调整效果如图8-216所示。选择"粒子"图层，执行"效果"→"风格化"→"发光"命令。

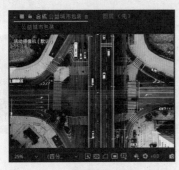

图8-216

16 打开"发光"效果控件，设置"发光阈值"值为65.0%，"发光半径"值为24.0，调整参数如图8-217所示，调整效果如图8-218所示。

图8-217

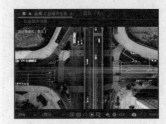

图8-218

17 选择"发光"效果，按快捷键Ctrl+D复制一层，调整参数如图8-219，调整效果如图8-220所示。

图8-219

图8-220

18 选择"灯光1"和"灯光2"图层，在"时间轴"面板中按快捷键Ctrl+D复制图层，得到"灯光3"和"灯光4"图层，调整效果如图8-221所示。将时间轴移至0:00:02:00，按快捷键Alt+【裁剪前面部分，调整效果如图8-222所示。

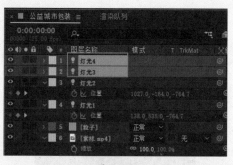

图8-221

图8-222

19 调整效果如图8-223所示。选择"粒子"图层按快捷键Ctrl+D复制"粒子"图层，按T键调出"不透明度"属性，设置"两个"粒子的"不透明度"值为75%，如图8-224所示。

图8-223

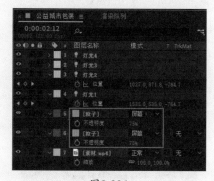

图8-224

20 调整效果如图8-225所示。按快捷键Ctrl+Y新建纯色图层，执行"效果"→"生成"→"无线电波"命令。

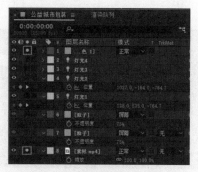

图8-225

21 选择"纯色1"和"素材.mp4"图层，单击"独奏"按钮◉，调整参数如图8-226所示，调整效果如图8-227所示。

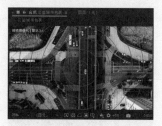

图8-226

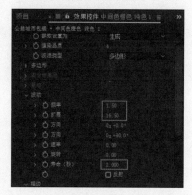

图8-227

22 打开"无线电波"效果控件，设置"频率"值为1.50，"扩展"值为16.50，设置"寿命（秒）"值为2.000，调整参数如图8-228所示，调整效果如图8-229所示。

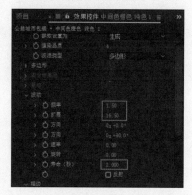

图8-228

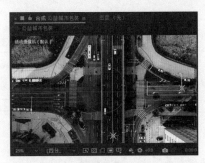

图8-229

23 展开"描边"属性，设置"颜色"值为44FBF2，如图8-230所示。

图8-230

24 调整效果如图8-231所示。设置"不透明度"值为1.000，"淡入时间"值为0.000，"淡出时间"值为5.000，"开始宽度"值为91.30，"末端宽度"值为14.10，"配置文件"为"入点锯齿"，调整参数如图8-232所示，

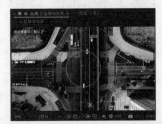

图8-231

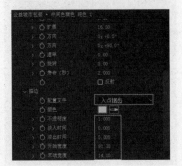

图8-232

25 调整效果如图8-233所示。选择"纯色1"图层，执行"效果"→"风格化"→"发光"命令。

图8-233

26 打开"发光"效果控件，设置"发光阈值"值为70.0%，"发光半径"值为154.0，"发光强度"值为2.0，调整参数如图8-234所示，调整效果如图8-235所示。

图8-234

图8-235

27 选择"灯光1"～"灯光4"图层，单击"可视"按钮 ◉，隐藏灯光效果，如图8-236所示，调整最终效果如图8-237所示。

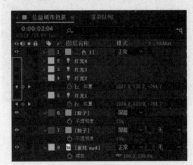

图8-236

图8-237

28 至此，本例动画制作完毕，按小键盘上的0键
预览动画，效果如图8-238~图8-241所示。

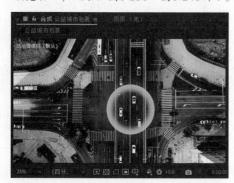

图8-238

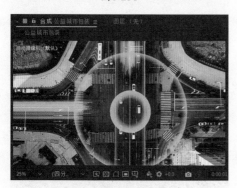

图8-239

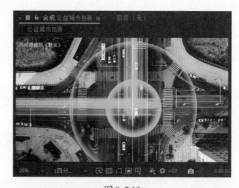

图8-240

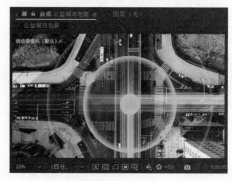

图8-241

8.4 本章小结

本章主要详细介绍了 After Effects 2022 中
的"效果"功能。通过对本章的学习，可以快速
掌握在 After Effects 2022 软件中添加效果、使
用效果以及怎样调节各种效果的方法。这是本书
的核心章节，只有熟练掌握每种效果的应用方法
和技巧，才能在影视特效项目制作中得心应手，
并提高制作效率。

第9章

三维空间效果

在影视后期制作中，三维空间效果是经常用到的，三维空间中的合成对象为我们提供了更广阔的想象空间，同时也让影视特效制作更丰富多彩，从而制作出更多震撼、绚丽的效果。

9.1 初识三维空间效果

三维空间，又称为 3D、三次元，在日常生活中可指长、宽、高 3 个维度所构成的空间。由一个方向确立的直线模式是一维空间，如图 9-1 所示。一维空间具有单向性，由 X 轴向两端无限延伸而确立。由两个方向确立的平面模式是二维空间，如图 9-2 所示。二维空间具有双向性，由 X、Y 轴双向交错构成一个平面，由双向无限延伸而确立。三维空间呈立体性，具有三向性，三维空间的物体除了 X、Y 轴向之外，还有一个纵深的 Z 轴，如图 9-3 所示，这是三维空间与二维平面的区别之处，由三向无限延伸而确立。

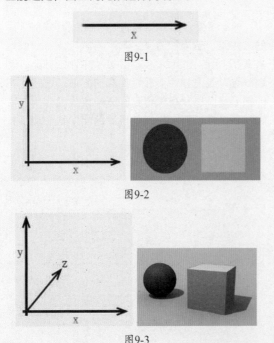

图9-1

图9-2

图9-3

9.2 After Effects 2022 中的三维空间效果制作

随着影视后期制作软件的不断更新和发展，现在大部分的专业影视后期特效制作软件，如 After Effects、Combustion 和 Digital Fusion 等都具备三维空间处理功能，其中 After Effects 在三维空间处理功能上已经非常完善，越来越多的三维效果都可以在 After Effects 中制作出来。

9.2.1 三维图层属性

在"时间轴"面板中，通过单击图层后面的"3D图层"按钮，可以将任意二维图层转换为三维图层，如图 9-4 所示。在 After Effects 中，将二维图层转换为三维图层后，其图层属性发生了一些变化，下面将简单介绍三维图层属性与二维图层属性的区别。

图9-4

二维图层的属性比较简单，只包含锚点、位置、缩放、旋转和不透明度五种基本的变换属性，如图 9-5 所示。通过调节这些属性参数，可以控制物体在二维空间中的位置、大小、旋转和透明程度属性。

三维图层的属性比二维图层略为复杂。三维图层和二维图层的变换属性大体一致，不同的是所有这些属性参数都比之前增加了一个 Z 轴（纵深轴向）选项，另外，每个图层还会增加一个"材质选项"属性，通过该属性可以调节三维图层与灯光的关系等，如图9-6所示。

图9-5

图9-6

9.2.2 灯光和摄像机

灯光和摄像机在三维空间中的作用非常大，灯光能够为三维空间增添现实生活中的光线效果，使物体更具真实感。摄像机可以为三维空间增添视角震撼力，使物体更具立体感。

After Effects 中提供了效果逼真的灯光和摄像机效果，下面简单介绍在 After Effects 2022 中应用灯光的方法。执行"图层"→"新建"→"灯光"命令，弹出"灯光设置"对话框，如图 9-7 所示。可以在该对话框中设置灯光的名称、类型、颜色、强度等参数，最后单击"确定"按钮。此时在"时间轴"面板会自动新建一个灯光层，其灯光属性如图9-8所示。选项中包含灯光选项、强度、颜色、锥形角度、锥形羽化、投影等属性，设置这些属性可以很便捷地模拟现实世界中的灯光效果。

图9-7

图9-8

摄像机的应用。执行"图层"→"新建"→"摄像机"命令，弹出"摄像机设置"对话框，如图 9-9 所示。可以在该对话框中设置摄像机的名称、预设、缩放、视角等参数，最后单击"确定"按钮，此时在"时间轴"面板会自动新建一个摄像机层，其摄像机属性如图 9-10 所示。在其参数选项中包含缩放、景深、焦距、光圈和模糊层次等选项。通过对这些参数的调节，可以创建真实的三维摄像机效果。

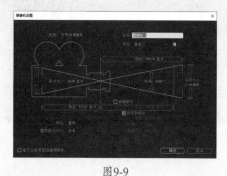

图9-9

图9-10

9.3 综合实例：三维照片动画效果

本节主要通过形状图层来制作背景灯带和灯管效果，然后通过分形杂色和 CC Star Burst 特效来制作环境效果，最后用三维图层特效来达到三维照片的效果，具体的操作流程如下。

01 打开After Effects 2022，执行"合成"→"新建合成"命令，创建一个宽为50px、高为200px的合成，设置"持续时间"为0:00:08:00，并将其命名为"灯管"，然后单击"确定"按钮，如图9-11所示。

图9-11

02 单击"工具"面板中的"圆角矩形"工具按

钮 ▣，设置任意"填充颜色"属性，关闭"描边"，双击"圆角矩形"工具按钮▣，创建"形状图层1"，调整效果如图9-12所示。选择"形状图层1"图层，展开"矩形路径1"属性，设置"圆度"值为25.0，调整参数如图9-13所示，调整效果如图9-14所示。

图9-12

图9-13

图9-14

03 选择"形状图层1"图层，执行"效果"→"过渡"→"百叶窗"命令，打开"百叶窗"的效果控件，设置"过渡完成"值为50%，"方向"值为0×+45.0°，"宽度"值为8，具体参数设置如图9-15所示，调整效果如图9-16所示。执行"效果"→"风格化"→"发光"命令。

图9-15

图9-16

04 打开"发光"效果控件,设置"发光阈值"值为78.8%,"发光半径"值为17.0,调整参数如图9-17所示,调整效果如图9-18所示。

图9-17

图9-18

05 执行"合成"→"新建合成"命令,创建一个宽为2500px、高为2500px的合成,设置"持续时间"为0:00:08:00,并将其命名为"灯带",单击"确定"按钮,如图9-19所示。在"项目"面板中将"灯管"合成导入"灯带"合成,调整参数如图9-20所示。

图9-19

图9-20

06 选择"灯管"合成,展开"交换"属性,设置"锚点"值为25.0,1187.0,调整参数如图9-21所示,调整效果如图9-22所示。

图9-21

图9-22

07 执行"图层"→RG Trapcode→Echospace命令,打开Echospace效果控件,设置参数如图9-23所示。

图9-23

08 调整效果如图9-24所示，在"工具"面板中选中"椭圆"工具◎，关闭"填充"颜色，设置"描边"参数为3FD8F3，双击"椭圆"工具按钮◎，创建"形状图层1"，调整参数如图9-25所示。

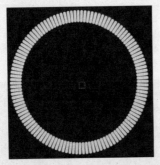

图9-24

图9-25

09 选择该"形状图层1"，展开"椭圆路径1"属性，设置"大小"值为2195.0,2195.0，调整参数如图9-26所示，效果如图9-27所示。

图9-26

图9-27

10 选择"形状图层1"图层，按快捷键Ctrl+Shift+【将其移动至底层，按T键调出"不透明度"属性，设置"不透明度"值为60%，调整参数如图9-28所示，调整效果如图9-29所示。

图9-28

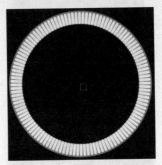

图9-29

11 执行"导出"→"添加到渲染队列"命令，单击"输出模块"按钮，设置"格式"为"PNG序列"，设置"通道"为RGB+Alpha，并将其导出，调整参数如图9-30所示。

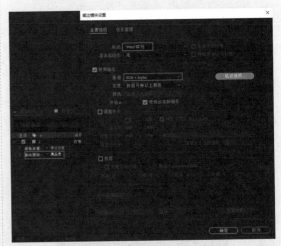

图9-30

12 执行"合成"→"新建合成"命令，创建一个宽为1920px、高为1080px的合成，设置

After Effects 2022特效合成完全实战技术手册

"持续时间"为0:00:08:00，并将其命名为"三维空间照片"，单击"确定"按钮，调整参数如图9-31所示，导入的灯带序列，如图9-32所示。

图9-31

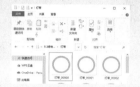

图9-32

13 选择"灯带.png"图层，单击激活"三维图层"按钮⬚，按P键调出"位置"属性，然后按快捷键Shift+R调出"旋转"属性，设置"位置"值为960.0,241.0,0.0,"旋转"值为0×+90.0°，调整参数如图9-33所示，调整效果如图9-34所示。

图9-33

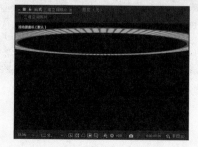

图9-34

14 选择"灯带.png"图层，按快捷键Ctrl+D复制两层，并设置"缩放"值分别为35.0,35.0,35.0%和65.0,65.0,65.0%，调整参数如图9-35所示，调整效果如图9-36所示。

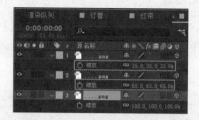

图9-35

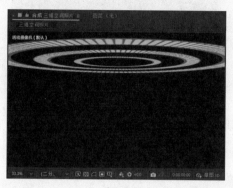

图9-36

15 按快捷键Ctrl+Y，创建一个"宽度"值为2500像素，"高度"值为2500像素的"纯色1"图层，如图9-37所示，选择"纯色1"图层，执行"效果"→"生成"→"梯度渐变"命令。

图9-37

16 打开"梯度渐变"效果控件，设置"渐变起点"值为1244.0,1247.0,设置"起始颜色"值为CB43F9，调整参数如图9-38所示，调整效果如图9-39所示。

第9章 三维空间效果

图9-38

图9-39

17 选择"纯色1"图层，按S键展开"缩放"属性，设置"缩放"值为84.0,84.0%，调整参数如图9-40所示，选择"椭圆"工具 ◯，设置"描边"值为6，双击绘制正圆形，调整效果如图9-41所示。

图9-40

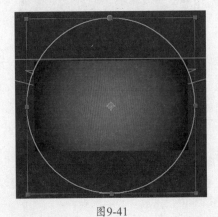

图9-41

18 选择"纯色1"图层，展开"蒙版1"属性，

设置"蒙版羽化"值为200.0,200.0，调整参数如图9-42所示，调整效果如图9-43所示。

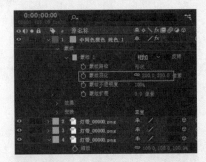

图9-42

图9-43

19 选择"纯色1"图层，单击激活"三维图层"按钮 ◉，设置"方向"值为90.0°，0.0°,0.0°，调整参数如图9-44所示，调整效果如图9-45所示。

图9-44

图9-45

20 将"纯色1"图层置于底层，按P键调出"位置"属性，设置"位置"值为960.0，241.0,0.0，调整参数如图9-46所示，调整效果

如图9-47所示。

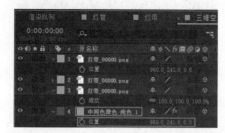

图9-46

图9-47

21 选择三个"灯带.png"和"纯色1"图层,按快捷键Ctrl+D复制一层,选择全部复制的图层,设置"位置"值为960.0,865.0,0.0,设置"不透明度"值为20%,调整参数如图9-48所示,调整效果如图9-49所示。

图9-48

图9-49

22 按快捷键Ctrl+Y,创建一个"宽度"值为1920像素,"高度"值为1080像素的"分形杂色"图层,如图9-50所示,选择"分形杂色"图层,执行"效果"→"杂色和颗粒"→"分形杂色"命令。

图9-50

23 打开"分形杂色"效果控件,设置"分形类型"为"动态","杂色类型"为"样条","对比度"值为120.0,"亮度"值为−60.0,"复杂度"值为4.0,调整参数如图9-51所示,调整效果如图9-52所示。

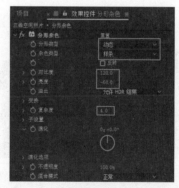

图9-51

图9-52

24 单击关闭"统一缩放"按钮,设置"缩放宽度"值为1000.0,"缩放高度"值为500.0,调整参数如图9-53所示,效果如图9-54所示。

图9-53

图9-54

25 选择"分形杂色"图层,执行"效果"→"颜色校正"→"色调"命令,打开"色调"效果控件,设置"将白色映射到"值为213CDE,调整参数如图9-55所示。

图9-55

26 调整效果如图9-56所示,将"分形杂色"图层放置于底层,如图9-57所示。

图9-56

图9-57

27 调整效果如图9-58所示,按快捷键Ctrl+Y,创建一个"宽度"值为1920像素,"高度"值为1080像素,颜色值为F6DFF0的"星星"图层,如图9-59所示。

图9-58

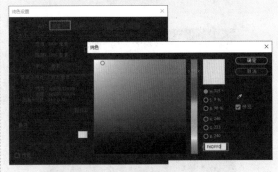

图9-59

28 调整效果如图9-60所示,选择"星星"图层,执行"效果"→"模拟"→CC Star Burst命令。

图9-60

29 打开CC Star Burst效果控件,调整参数如图

9-61所示，调整效果如图9-62所示。

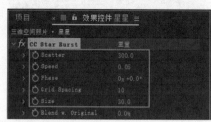

图9-61

图9-62

30 执行"文件"→"导入"→"文件…"命令，或者按快捷键Ctrl+I，导入"城市绿舟.png"图片文件，如图9-63所示。将"项目"面板中的"城市绿舟"图片文件单独创建为预合成。在"工具"面板选择"矩形"工具，关闭填充，设置"描边"宽度为158像素，"描边颜色"为白色，双击"矩形"工具按钮，调整效果如图9-64所示。

图9-63

图9-64

31 将"城市绿舟"合成拖入"三维空间照片"合成，单击激活"三维图层"按钮，按P键调出"位置"属性，按快捷键Shift+S调出"缩放"属性，设置"位置"值为960.0,562.0,-840.0，设置"缩放"值为14.0,14.0,14.0%，调整参数如图9-65所示，调整效果如图9-66所示。

图9-65

图9-66

32 选择"城市绿舟"图层，将时间轴移至0:00:00:00，按P键调出"位置"属性，然后按快捷键Shift+R调出"旋转"属性，设置"位置"值为773.0,558.0,-840.0，设置"Y轴旋转"值为0×-35.0°，并单击"时间变化秒表"按钮，调整参数如图9-67所示，调整效果如图9-68所示。

图9-67

图9-68

33 选择"城市绿舟"图层,将时间轴
移至0:00:06:00,设置"位置"值为
(1118.0,558.0,-840.0,设置"Y轴旋转"值
为0×+49.0°,调整参数如图9-69所示,调整
效果如图9-70所示。

图9-69

图9-70

34 至此,本例动画制作完毕,按小键盘上的0键
预览动画,效果如图9-71～图9-74所示。

图9-71

图9-72

图9-73

图9-74

9.4 本章小结

本章主要学习了 After Effects 2022 中三维
空间效果的处理方法,其中包括三维图层和二维
图层属性讲解,以及三维灯光与摄像机的应用。
After Effects 的三维图层应用是其传统的二维图
层效果的突破,同时也是平面视觉艺术的突破,
所以需要熟练掌握三维图层处理技术,以制作出
更为立体、逼真的影视效果。

第10章

声音的导入与特效编辑

声音元素通常包括语言、音乐和音响三大类。在影视制作中，合理地加入一些声音可以起到辅助画面的作用，从而更好地表现主题。一段好听的旋律，在人们心中唤起的联想可能比一幅画面所唤起的联想更为丰富和生动。这是因为音乐更具抽象性，它给人的不是抽象的概念，而是富有理性的美感情绪，它可以使每位观众根据自己的体验、志趣和爱好去展开联想，通过联想而补充、丰富画面，使画面更加生动且更富表现力。

10.1 导入声音

在 After Effects 2022 中可以直接将声音素材导入软件中，下面具体讲解在 After Effects 2022 中导入声音的方法。

执行"文件"→"导入"→"文件"命令，或者按快捷键 Ctrl+I，在弹出的"导入文件"对话框中选择要导入的声音素材，如图 10-1 所示；然后单击"导入"按钮，即可将声音导入 After Effects 2022 的"项目"面板中，如图 10-2 所示。

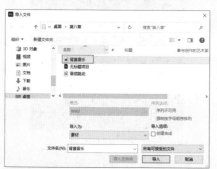

图10-1

图10-2

还可以直接在"项目"面板的空白处双击，在弹出的"导入文件"对话框选择要导入的声音素材，然后单击"导入"按钮，即可将声音导入 After Effects 2022 的"项目"面板中。

10.2 音频效果

在 After Effects 2022 的"效果和预设"面板中，包括十种音频效果，如图 10-3 所示。下面将对每种音频效果进行详细介绍。

图10-3

10.2.1 调制器

调制器效果通过调制（改变）声音的频率和振幅，将颤音和震音添加到音频中。

在"时间轴"面板中选择素材图层，执行"效果"→"音频"→"调制器"命令，在"效果控件"面板中展开参数设置，如图 10-4 所示。

图10-4

下面对调制器效果的主要属性参数进行详细介绍。

※ 调制类型：从右侧的下拉列表中选择调制的类型，包括"正弦"和"三角形"。

※ 调制速度：调制的速率，以"赫兹"为单位。

※ 调制深度：设置调制的深度百分比。

※ 振幅变调：设置振幅变调量的百分比。

10.2.2　倒放

倒放效果用于将声音素材反向播放，即从最后一帧开始播放至第一帧，在"时间线"窗口中帧的排列顺序保持不变。

在"时间轴"面板中选择素材图层，执行"效果"→"音频"→"倒放"命令，在"效果控件"面板中展开参数，如图10-5所示。

图10-5

下面对倒放效果的主要属性参数进行详细介绍。

※ 互换声道：选中该选项可以交换左右声道。

10.2.3　低音和高音

低音和高音效果可提高或削减音频的低频（低音）或高频（高音）。为增强控制，需使用参数均衡效果。

在"时间轴"面板中选择素材图层，执行"效果"→"音频"→"低音和高音"命令，在"效果控件"面板中展开参数，如图10-6所示。

下面对低音和高音效果的主要属性参数进行详细介绍。

※ 低音：提高或降低低音部分。

※ 高音：提高或降低高音部分。

图10-6

10.2.4　参数均衡

参数均衡效果可增强或减弱特定频率范围，用于增强音乐效果，如提升低频以调出低音。

在"时间轴"面板中选择素材图层，执行"效果"→"音频"→"参数均衡"命令，在"效果控件"面板中展开参数，如图10-7所示。

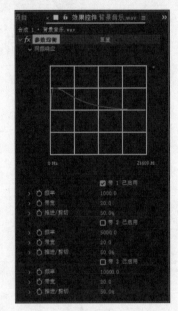

图10-7

下面对参数均衡效果的主要属性参数进行详细介绍。

※ 频率：频率响应曲线，水平方向表示频率范围，垂直方向表示增益值。

※ 带宽：要修改的频带宽度。

※ 推进/剪切：要提高或削减指定带内频率振幅的数量。正值表示提高；负值表示削减。

10.2.5　变调与合声

变调与合声效果包含两个独立的音频效果。

变调是通过复制原始声音，然后再对原频率进行位移变化；合声是使单个语音或乐器听起来像合唱的效果。

在"时间轴"面板中选择素材图层，执行"效果"→"音频"→"变调与合声"命令，在"效果控件"面板中展开参数，如图10-8所示。

图10-8

下面对变调与合声效果的主要属性参数进行详细介绍。

※ 语音分离时间（ms）：分离各语音的时间，以"毫秒"为单位。每个语音都是原始声音的延迟版本，对于变调效果，使用6或更低的值；对于和声效果，使用更高的值。

※ 语音：设置和声的数量。

※ 调制速率：调制循环的速率，以"赫兹"为单位。

※ 调制深度：调整调制的深度百分比。

※ 语音相变：每个后续语音之间的调制相位差，以"度"为单位。360除以语音数可获得最佳值。

※ 干输出：不经过修饰的声音（即原音）输出。

※ 湿输出：经过修饰的声音（即效果音）输出。

10.2.6 延迟

延迟效果可以将音频素材的声音在一定的时间后重复。常用于模拟声音从某表面（如墙壁）弹回的声音。

在"时间轴"面板中选择素材图层，执行"效果"→"音频"→"延迟"命令，在"效果控件"面板中展开，如图10-9所示。

下面对延迟效果的主要属性参数进行详细介绍。

图10-9

※ 延迟时间（毫秒）：原始声音及其回音之间的时间，以"毫秒"为单位。

※ 延迟量：延迟的数量百分比。

※ 反馈：为创建后续回音反馈到延迟线的回音量。

※ 干输出：不经过修饰的声音（即原音）输出。

※ 湿输出：经过修饰的声音（即效果音）输出。

10.2.7 混响

混响效果是通过模拟从某表面随机反射的声音，来模拟开阔的室内效果或真实的室内效果。

在"时间轴"面板中选择素材图层，执行"效果"→"音频"→"混响"命令，在"效果控件"面板中展开参数，如图10-10所示。

图10-10

下面对混响效果的主要属性参数进行详细介绍。

※ 混响时间（毫秒）：设置原始音频和混响音频之间的平均时间，以"毫秒"为单位。

※ 扩散：设置扩散量，值越大则越有远离的效果。

※ 衰减：设置效果消失过程的时间，值越大产生的空间效果越大。

※ 亮度：指定留存的原始音频中的细节量，亮度值越大，模拟的室内反射声音效果越明显。

※ 干输出：不经过修饰的声音（即原音）输出。

※ 湿输出：经过修饰的声音（即效果音）输出。

10.2.8　立体声混合器

立体声混合器效果可混合音频的左右通道，并将完整的信号从一个通道平移到另一个通道。

在"时间轴"面板中选择素材图层，执行"效果"→"音频"→"立体声混合器"命令，在"效果控件"面板中展开参数，如图10-11所示。

图10-11

下面对立体声混合器效果的主要属性参数进行详细介绍。

※ 左声道级别：设置左声道的音量大小。

※ 右声道级别：设置右声道的音量大小。

※ 向左平移：设置左声道的相位平移程度。

※ 向右平移：设置右声道的相位平移程度。

※ 反转相位：选中该选项反转左右声道的状态，以防止两种相同频率的音频互相掩盖。

10.2.9　音调

音调效果可以模拟简单合音，如潜水艇低沉的隆隆声、背景电话铃声、汽笛或激光波声音。每个实例最多能增加5个音调来创建合音。

在"时间轴"面板中选择素材图层，执行"效果"→"音频"→"音调"命令，在"效果控件"面板中展开参数，如图10-12所示。

下面对音调效果的主要属性参数进行详细介绍。

※ 波形选项：从右侧下拉列表中可以指定要使用的波形的类型，包括"正弦""三角形""锯子"和"正方形"4种波形。正弦波可产生最纯的音调；方形波可产生最扭曲的音调；三角形波具有正弦波

和方形波的元素，但更接近于正弦波；锯子波具有正弦波和方形波的元素，但更接近于方形波。

图10-12

※ 频率1/2/3/4/5：分别设置5个音调的频率点，当频率点为0时，则关闭该频率。

※ 级别：调整此效果实例中所有音调的振幅。要避免剪切和爆音，如果预览时出现警告声，说明级别设置过高，请使用不超过以下范围的级别值：100除以使用的频率数。例如，如果用完5个频率，则指定20%。

10.2.10　高通 / 低通

高通 / 低通效果可以滤除高于或低于一个频率的声音，还可以单独输出高音和低音。

在"时间轴"面板中选择素材图层，执行"效果"→"音频"→"高通 / 低通"命令，在"效果控件"面板中展开参数，如图10-13所示。

图10-13

下面对高通 / 低通效果的主要属性参数进行详细介绍。

※ 滤镜选项：设置滤镜的类型，从右侧的下拉列表中可以选择"高通"或"低通"两种类型。

※ 屏蔽频率：消除频率，屏蔽频率以下（高通）或以上（低通）的所有频率都将被移除。

※ 干输出：不经过修饰的声音（即原音）输出。

※ 湿输出：经过修饰的声音（即效果音）输出。

10.3 综合实例：制作炫酷音频频谱

本节主要通过为音乐素材添加音频特效，使音频可视化，然后添加 CC Particle World 特效使音乐跳动时有炫酷粒子效果，具体的操作流程如下。

01 打开After Effects 2022，执行"合成"→"新建合成"命令，创建一个预设为HDTV 1080 25的合成，设置"持续时间"为0:00:20:00，并将其命名为"音频频谱"，单击"确定"按钮，如图10-14所示。

图10-14

02 执行"文件"→"导入"→"文件…"命令，或者按快捷键Ctrl+I，导入"音乐素材.mp3"音频文件，如图10-15和图10-16所示。

图10-15　　　　　图10-16

03 将"项目"面板中的"音乐素材.mp3"音频素材拖至"时间轴"面板，按快捷键Ctrl+Y，创建一个"宽度"为1920像素，"高度"为1080像素的"频谱"图层，如图10-17所示。选择"频谱"图层，执行"效果"→"生成"→"音频频谱"命令。

图10-17

04 打开"音频频谱"效果控件，设置"起始点"值为0.0,540.0，设置"结束点"值为1920.0,540.0，设置参数如图10-18所示，调整效果如图10-19所示。

图10-18

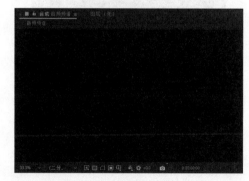

图10-19

05 在"时间轴"面板中右击，新建"调整图层1"，执行"效果"→"表达式控制"→"滑块控制"命令，打开"音频频谱"效果控件，设置参数如图10-20所示。

06 调整效果如图10-21所示。在"时间轴"面板中展开"频谱"和"调整图层"效果，选择频谱中的"起始频率"效果，按住Alt键单击"时间变化秒表"按钮 ◎，然后按住表达式中的"父级关联器"按钮 ◎，将其拖至"调整图层1"中的"滑块效果"选项，此时调整"滑块"效果即可控制"音频频谱"图层

中的"起始频率"效果，调整参数如图10-22
所示。

图10-20

图10-21

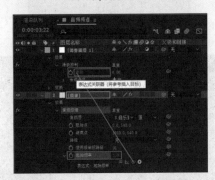

图10-22

07 选择"调整图层1"，展开"滑块"效果，设置"滑块"值为61.00，调整参数如图10-23所示，调整效果如图10-24所示。

图10-23

08 选择"频谱"图层，按快捷键Ctrl+D复制一层，将其命名为"频谱1"，调整效果如图10-25所示。打开"频谱1"效果控件，设置"显示选项"为"模拟谱线"，设置"面选项"为"A面"，调整参数如图10-26所示。

图10-24

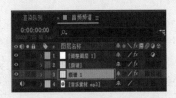

图10-25

图10-26

09 调整效果如图10-27所示。选择"频谱"图层，按快捷键Ctrl+D复制一层，将其命名为"频谱2"，调整效果如图10-28所示。

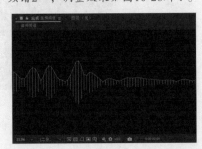

图10-27

10 打开"频谱2"效果控件，设置"显示选项"为"模拟谱线"，"面选项"为"B面"，调整参数如图10-29所示，效果如图10-30所示。

图10-28

图10-29

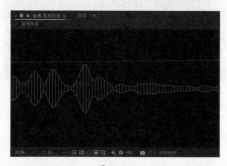

图10-30

11 选择"调整图层""频谱""频谱1""频谱2"和"音乐素材.mp3"图层，按快捷键Ctrl+Shift+C新建预合成，并将其命名为"频谱"，调整效果如图10-31所示。按快捷键Ctrl+Y新建纯色层，并执行"效果"→"模拟"→CC Particle World命令。

12 调整效果如图10-32所示。打开CC Particle World效果控件，设置Birth Rate值为0.5，

Longevity值为4.00，调整参数如图10-33所示。

图10-31

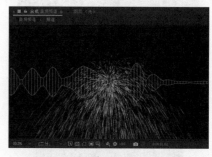

图10-32

图10-33

13 调整效果如图10-34所示。展开Producer效果，设置RadiusX、RadiusY、RadiusZ参数分别为2.045、0.000、0.000，调整参数如图10-35所示。

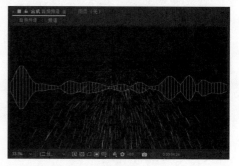

图10-34

14 调整效果如图10-36所示。展开Paticle效果，设置Particle Type为TniPolygon，调整参数如图10-37所示，调整最终效果，如图10-38所示。

图10-35

图10-36

图10-37

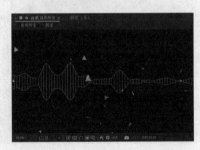

图10-38

15 至此，本例动画制作完毕，按小键盘上的0键

预览动画，效果如图10-39所示。

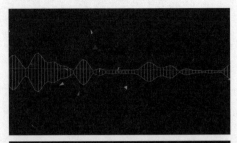

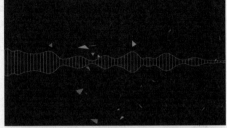

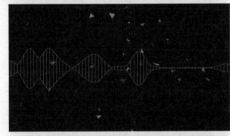

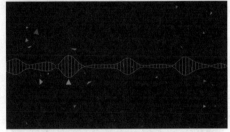

图10-39

10.4 **本章小结**

　　本章学习了影视制作中声音的导入方法，以及为声音添加各种音频效果，并详细介绍了音频效果组中的十种音频特效。通过对本章的学习，可以为视频画面添加音乐，并为音乐增加各种音频效果，增强视频画面的表现力和感染力。

第三方插件应用

　　After Effects 是一款很强大的影视后期特效制作软件，它与 Photoshop、Illustrator 和 3ds Max 等二维或三维软件具有良好的兼容性，除了自身附带的上百种特效，还可以兼容第三方特效插件，实现软件本身不能实现的功能。本章将介绍两种常用的插件——Particular（粒子）和 Shine（扫光）。

11.1 Shine（扫光）插件

　　Shine（扫光）插件是 Trapcode 公司开发的 After Effects 插件，常用于制作文字、标志和物体的发光效果，其为制作片头和特效带来了极大的便利，其应用效果如图 11-1 和图 11-2 所示。

图11-1

图11-2

11.1.1 Shine（扫光）使用技法

　　在"时间轴"面板中选择素材图层，执行"效果"→Trapcode→Shine 命令，在"效果控件"面板中展开参数，如图 11-3 所示。

图11-3

　　下面对 Shine（扫光）效果的主要属性参数进行详细介绍。

1.Pre-Process（预置程序）

　　在应用Shine效果之前需要预设的功能属性，参数如图 11-4 所示。

图11-4

※　Threshold（阈值）：用于分离 Shine（扫光）的作用区域，阈值不同，光束效果也不同。

- ※ Use Mask（使用遮罩）：选中该复选框使用遮罩效果。

- ※ Mask Radius（遮罩半径）：设置遮罩的半径。

- ※ Mask Feather（遮罩羽化）：设置遮罩的羽化程度。

- ※ Source Point（光源点）：调整光效的发光点位置。

2.Ray Length（光线发射长度）

设置光线的长度，数值越大，光线越长；数值越小，光线越短。

3.Shimmer（微光）

主要用于设置光线发射数量、细节和相位等属性，参数如图 11-5 所示。

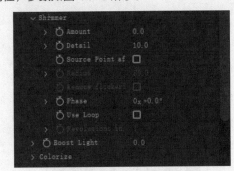

图11-5

- ※ Amount（数量）：设置微光发射的数量。

- ※ Detail（细节）：设置微光的细节。

- ※ Source Point affect（光束影响）：设置光束中心对微光是否产生影响。

- ※ Radius（半径）：设置微光受光束中心影响的半径。

- ※ Reduce flickering（减少闪烁）：减少微光发射时的闪烁频率。

- ※ Phase（相位）：设置微光的相位。

- ※ Use Loop（使用循环）：设置是否使用效果循环。

- ※ Revolutions in Loop（循环中旋转）：设置微光效果循环中的旋转圈数。

4.Boost Light（光线亮度）

设置光线发射时的亮度。

5.Colorize（色彩化）

调整 Shine 光线色彩的参数，但是光线色彩的调整是比较复杂的，需要分别调整高光、中间调和阴影颜色，来共同决定光线的颜色，参数如图 11-6 所示。

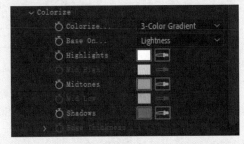

图11-6

- ※ Colorize（颜色模式）：设置颜色的模式，在右侧的下拉列表中可以选择任意一种颜色模式。

- ※ Base On（依据）：设置输入通道的模式，在右侧的下拉列表中共有 7 种模式，包括 Lightness（明度）、Luminance（亮度）、Alpha（通道）、Alpha Edges（通道边缘）、Red（红色）、Green（绿色）、Blue（蓝色）模式。

- ※ Highlights（高光）：设置高光颜色。

- ※ Mid High（中间高光）：设置中间高光的颜色。

- ※ Midtones（中间色）：设置中间色。

- ※ Mid Low（中间阴影）：设置中间阴影的颜色。

- ※ Shadows（阴影）：设置阴影颜色。

- ※ Edge Thickness（边缘厚度）：设置光线边缘的厚度。

6.Source Opacity（源素材不透明度）

调节源素材的不透明度。

7.Shine Opacity（光线不透明度）

调节光线的不透明度。

8.BLend Mode（混合模式）

设置 Shine 光线的混合模式。

11.1.2　实例：云层透光效果

01 打开After Effects 2022，执行"合成"→"新建合成"命令，创建一个预设为PAL D1/DV 的合成，设置"持续时间"为0:00:05:00，并

将其命名为"云层",然后单击"确定"按
钮,如图11-7所示。

图11-7

02 执行"文件"→"导入"→"文件…"命
令,或者按快捷键Ctrl+I,导入"源文件/第11
章/11.1.2 Shine(扫光)插件/Footage"文件
夹中的"云层.jpg"图片文件,如图11-8和图
11-9所示。

图11-8　　　　　　图11-9

03 将"项目"面板中的"云层.jpg"素材拖至
"时间轴"面板,展开其变换属性,并设置
"缩放"值为82.0%,具体参数设置及在"合
成"面板中的对应效果,如图11-10和图11-11
所示。

04 在"时间轴"面板中选择"云层.jpg"图层,
执行"效果"→Trapcode→Shine命令,在
"效果控件"面板中展开Colorize(色彩化)
属性,最后设置Colorize(颜色模式)为None
(无)选项,BLend Mode(混合模式)为
Add(叠加)模式,具体参数设置及在"合
成"面板中的对应效果,如图11-12和图11-13
所示。

图11-10

图11-11

图11-12　　　　　　图11-13

05 在"效果控件"面板中展开Pre-Process
(预置程序)属性,设置Threshold(阈
值)为232.0,Source Point(光源点)值为
901.0,41.0,具体参数设置及在"合成"面板
中的对应效果,如图11-14和图11-15所示。

06 在"效果控件"面板中展开Shimmer(微
光)属性,设置Amount(数量)值为300.0,
Detail(细节)值为40.0,具体参数设置及在
"合成"面板中的对应效果,如图11-16和图
11-17所示。

第十一章　第三方插件应用

235

图11-14

图11-15

图11-16

图11-17

07 在"时间轴"面板中选择"云层.jpg"图层，展开Shine（扫光）效果，将时间轴拖至0:00:00:00，设置Threshold（阈值）值为255.0，Source Point（光源点）值为492.0,238.0，具体参数设置如图11-18所示，并单击"时间变化秒表"按钮 ![icon]，为Threshold（阈值）和Source Point（光源点）属性各添加一个关键帧。将时间轴移至0:00:03:09，设置Threshold（阈值）值为232.0，Source Point（光源点）值为901.0,41.0。

图11-18

08 至此，本例动画制作完毕，按小键盘上的0键预览动画，效果如图11-19～图11-22所示。

图11-19

图11-20

After Effects 2022特效合成完全实战技术手册

图11-21

图11-22

11.2 Particular（粒子）插件

Particular（粒子）插件也是 Trapcode 公司开发的 After Effects 插件，常用于制作动画特效、炫酷粒子效果，它的开发为制作电影特效带来了极大的便利，其应用效果如图 11-23 所示。

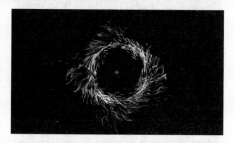

图11-23

11.2.1　Particular（粒子）使用技法

在"时间轴"面板中选择素材图层，执行"效果"→ RG Trapcode → Particular 命令，在"效

果控件"面板中展开参数，如图 11-24 所示。

图11-24

下面对 Particular（粒子）效果的主要属性参数进行详细介绍。

1. 发射器

产生粒子，参数如图 11-25 所示。

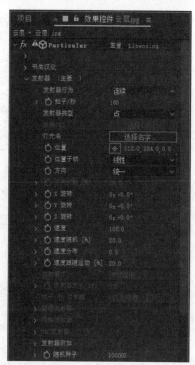

图11-25

※ 发射器行为：设置粒子的运动行为，有"连续""爆炸"两个选项可选。

※ 发射器类型：设置粒子的类型，包括"点""盒子""球形""网格""灯光""图

层""图层网格""OBJ 模型"八种类型。

※ 粒子 / 秒：控制每秒产生的粒子数量。

※ 位置：设置粒子发射器的位置。

※ 方向：设置粒子发射器的方向。

※ 方向扩散：控制粒子束的发射散开程度。

※ X、Y、Z 旋转：控制粒子发射器的方向。

※ 速度：设置新产生粒子的初始速度。

※ 速度随机：为粒子设置随机的初始速度。

※ 速度分布：调整快慢粒子的分布。

※ 速度跟随运动：粒子继承粒子发射器的速度。

※ 发射器大小 XYZ：设置粒子发射器的大小。

※ 发射器附加：设置发射器发射的附加条件。

※ 随机种子：改变随机生成器的种子。

2. 粒子

以秒为单位控制粒子的生命周期，参数如图 11-26 所示。

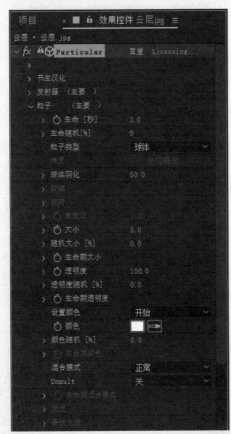

图11-26

※ 生命随机 [%]：为粒子的生命周期设置随机值。

※ 粒子类型：设置粒子的类型，包括"球体""星光""云朵""精灵"等 13 种类型。

※ 球体羽化：控制粒子的羽化程度及透明度。

※ 高宽比：设置粒子的高宽比。

※ 大小：设置粒子的大小。

※ 随机大小 [%]：设置粒子大小的随机值。

※ 生命期大小：设置粒子在整个生命周期的大小。

※ 透明度：设置粒子的不透明属性。

※ 透明度随机：设置粒子透明度的随机值。

※ 生命期透明度：设置粒子在整个生命周期内透明属性的变化方式。

※ 设置颜色：选择不同的方式来设置粒子的颜色。

※ 颜色随机：设置粒子颜色的随机变化范围。

※ 生命期颜色：设置粒子在整个生命周期内颜色的变化方式。

3. 阴影

为粒子制造阴影效果，使其具有立体感，参数如图 11-27 所示。

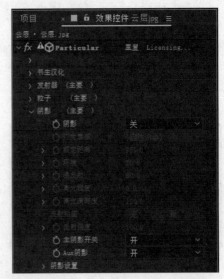

图11-27

※ 灯光衰减：粒子光的衰减开关。

※ 额定距离：设置阴影与粒子主体之间的距离。

After Effects 2022特效合成完全实战技术手册

※ 环境：设置粒子的阴影亮度。

※ 漫反射：设置粒子的漫射强度。

※ 高光程度：设置镜面反射的程度。

※ 高光清晰度：设置镜面反射的清晰度。

※ 主阴影开关：主粒子阴影开光。

※ Aux 阴影：子粒子阴影开关。

※ 阴影设置：调整粒子颜色、颜色强度、透明度等属性。

4. 物理

包括空气和反弹两种模式，参数如图 11-28 所示。

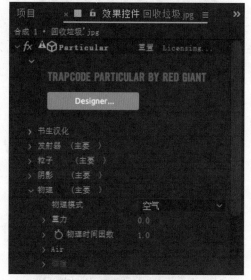

图11-28

※ 重力：设置粒子的重力系数。

※ 物理时间因数：设置粒子在整个生命周期的运动情况，可以设置粒子的加减速，冻结或返回等。

※ Air：设置模型用于模拟粒子通过空气的运动属性。

※ 空气阻力：设置空气阻力。

※ 旋转：设置粒子的旋转属性。

※ 风向：该参数用来模拟风场，使粒子朝着风向运动。

※ 紊乱场：粒子系统中的干扰，以一种特殊的方式，为每个粒子赋予一个随机的运动速度。

※ 影响尺寸：该参数来影响粒子的位置与大小的属性。

※ 影响位置：该参数决定粒子的位置属性。

※ 缩放：设置不规则碎片图形（fractal）的放大倍数。

※ 复杂程度：设置产生不规则碎片图形（fractal）的叠加层次，值越大，细部特征越明显。

※ 倍频倍增器：设置干扰场叠加在前一时刻干扰场的影响程度（影响系数）。

※ 值越大，干扰场对粒子的影响越大，粒子属性的变化越明显。

※ 倍频比例：设置干扰场叠加在前一时刻干扰场的放大倍数。

※ 演变速度：设置干扰场变化的速度。

※ 随风移动：为干扰场增加风的效果。

※ 球体场：设置一个球形干扰场，这种场可以排斥或吸引粒子，它有别于力场，当其消失时，受它影响而产生的效果也会马上消失。

※ 力度：该参数为正值时，形成一个排斥粒子的场；当为负值时，则形成一个吸引粒子的场。

※ 位置 XYZ：设置场的位置属性。

※ 半径：设置场的大小。

※ 羽化：设置场的边缘羽化程度。

※ 碰撞：设置该模型模拟粒子的碰撞属性。

※ 地板图层：设置一个地板（层），要求是一个 3D 层，而且不能是文字层。

※ 地板模式：选择碰撞区域是无穷大的平面，还是整个层大小或层的 alpha 通道。

※ 墙壁图层：设置一个墙壁，要求是一个 3D 层，并且不能是文字层。

※ 墙壁模式：选择碰撞区域是无穷大的平面，还是整个层大小或层的 alpha 通道。

※ 碰撞事件：设置碰撞的方式，即弹跳、滑行和消失。

※ 反弹：设置粒子发生碰撞后的弹跳强度。

※ 反弹随机：设置粒子弹跳强度的随机度。

※ 跌落：设置材料的摩擦系统。值越大，粒子在碰撞后滑行的距离越短；值越小，滑行的距离越长。

5. 辅助系统

可以发射附加粒子，即粒子本身可以发射粒子，参数如图 11-29 所示。

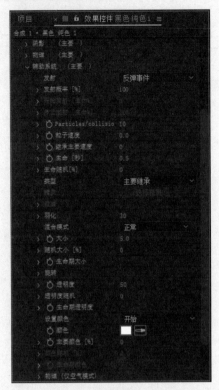

图 11-29

※ 发射：开关发射器。

   » 反弹事件：通过碰撞事件发射粒子。

   » 继续：从主粒子发射粒子。

   » 发射概率 [%]：设置发射粒子的概率。

   » 粒子数量 / 秒：设置每秒发射的粒子数。

※ 生命 [秒]：设置子粒子的寿命。

※ 生命随机 [%]：设置子粒子在整个生命周期的大小变化。

※ 大小：设置粒子的大小。

※ 透明度：设置子粒子的透明属性。

※ 生命期透明度：设置子粒子在整个生命周期的透明属性变化。

※ 设置颜色：设置子粒子在整个生命周期中的颜色变化。

※ 主要颜色：设置子粒子继承父粒子的颜色属性。

6. 整体交换

参数如图 11-30 所示。

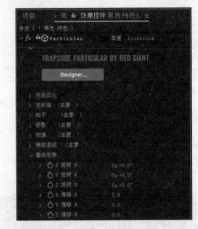

图 11-30

※ X 旋转 W：调整粒子在 X 轴的角度。

※ Y 旋转 W：调整粒子在 Y 轴的角度。

※ Z 旋转 W：调整粒子在 Z 轴的角度。

※ X 偏移 W：调整粒子在 X 轴的位置。

※ Y 偏移 W：调整粒子在 Y 轴的位置。

※ Z 偏移 W：调整粒子在 Z 轴的位置。

7. 可见性

参数如图 11-31 所示。

图 11-31

※ 远处消失：当粒子与摄像机的距离超过最远可见距离时，粒子在场景中变得不可见。

※ 远处开始衰减：当粒子与摄像机的距离超过最远衰减距离时，粒子开始衰减。

※ 近处开始衰减：当粒子与摄像机的距离低于最近衰减距离时，粒子开始衰减。

※ 远近消失：当粒子与摄像机的距离低于最近可见距离时，粒子在场景中变得不可见。

※ 远近曲线：设置粒子衰减的方式。

※ Z缓存：选择一个基于亮度的Z通道，Z通道带有深度信息，Z通道信息由3D软件产生，并导入After Effects中。

※ Z交黑：以Z通道信息中的黑色像素来描述深度（与摄像机之间的距离）。

※ Z交白：以Z通道信息中的白色像素来描述深度（与摄像机之间的距离）。

※ 遮蔽层：任何3D层（除了文字层）都可以用来使粒子变得朦胧（半透明）。

※ 遮蔽方式：使粒子朦胧的遮蔽类型。

8. 渲染

参数如图11-32所示。

图11-32

※ 渲染模式：可以选择全部渲染和粒子运动渲染（速度快）两种类型。

※ 加速度：使用CPU或者GPU对渲染加速。

※ 景深：默认使用摄像机设置。

※ 运动模糊：设置运动模糊的开关或者合成的快门角度。

11.2.2 实例：Particular（粒子）特效的应用

01 打开After Effects 2022，执行"合成"→"新建合成"命令，创建一个预设为PAL D1/DV的合成，设置"持续时间"为0:00:05:00，并将其命名为"logo溶解"，然后单击"确定"按钮，如图11-33所示。

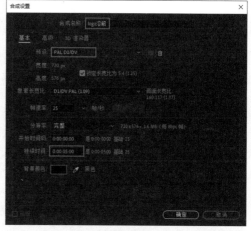

图11-33

02 导入"小麦.jpg"素材，将其拖入至"时间轴"面板，执行"新建"→"纯色"命令，创建纯色图层并命名为"粒子效果"，如图11-34所示。

图11-34

03 选择"小麦.jpg"，按S键展开"缩放"属性，调整"缩放"值为30.0,30.0,30.0%，展开其三维图层，如图11-35所示，具体参数设置及在"合成"面板中的对应效果，如图11-36所示。

图11-35

第十一章 第三方插件应用

图11-36

图11-38

04 选择"粒子效果",执行"效果"→RG
Trapcode→Particular命令,展开"发射器"
属性,调整"粒子/秒"值为20000,"发射
模式"为"图层","速度"和"速度随
机"值为0.0。展开"图层发射器",调整
"无"为"小麦.jpg","图层采样"为"当
前时间",如图11-37所示,具体参数设置及
在"合成"面板中的对应效果,如图11-38
所示。

图11-39

图11-37

图11-40

06 选择"粒子效果",展开"物理"→Air
→"紊乱场"属性,调整"X偏移""Y偏
移"和"Z偏移"值为均1500.0,调整参数如
图11-41所示。

05 在0:00:00:00,为"粒子/秒"和"速度"属
性创建关键帧,调整"速度"值为300.0,在
0:00:04:24处,调整"粒子/秒"和"速度"参
数为0.0,"速度随机"值为100.0,调整参数
如图11-39所示,具体参数设置及在"合成"
面板中的对应效果,如图11-40所示。

图11-41

07 至此，本例动画制作完毕，按小键盘上的0键预览动画，效果如图11-42～图11-45所示。

图11-42

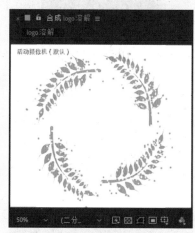

图11-43

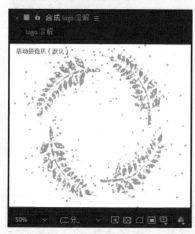

图11-44

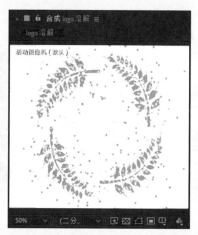

图11-45

11.3 综合实例：流动光线

本节主要通过为图层添加Particular特效来制作粒子效果，然后添加点光，为点光绘制路径，然后通过绑定Particular特效，添加Optical Flares特效来制作镜头光晕，最后绘制文字特效，具体的操作流程如下。

01 打开After Effects 2022，执行"合成"→"新建合成"命令，创建一个预设为HDTV 1080 25的合成，设置"持续时间"为0:00:06:00，并将其命名为"城市光轨"，然后单击"确定"按钮，如图11-46所示。

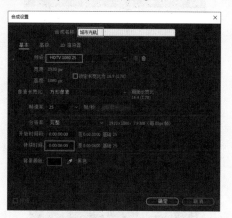

图11-46

02 执行"文件"→"导入"→"文件…"命令，或者按快捷键Ctrl+I，导入"源文件/第11章/11.3综合实例：城市光轨/Footage"文件夹

中的"素材.jpg"图片文件,如图11-47和图
11-48所示。

图11-47　　　　　　图11-48

03 将"项目"面板中的"素材.jpg"图片素材
拖至"时间轴"面板,按S键展开"缩放"属
性,设置"缩放"值为20.0,20.0%,调整参数
如图11-49,调整效果如图11-50所示。

图11-49

图11-50

04 按快捷键Ctrl+Y,创建一个纯色层,然后将
其命名为"粒子",设置"颜色"为黑色,
如图11-51所示。选中该"粒子"图层,执行
"效果"→RG Trapcode→Particular命令。

图11-51

05 在"时间轴"面板新建"灯光",将其命名
为"点光1",设置"灯光类型"为"点",
调整参数如图11-52所示。选择"点光1"
图层,将时间轴拖至0:00:00:00,按P键调
出"点光1"的"位置"属性,单击"时
间变化秒表"按钮 ⏱,设置"位置"值为
955.0,1032.0,−666.7,如图11-53所示,调整效
果如图11-54所示。

图11-52

图11-53

图11-54

06 选择"点光1"图层,将时间轴拖至
0:00:02:00,设置"位置"值为1096.0,720.0,
−666.7,调整参数如图11-55所示,调整效果
如图11-56所示。

图11-55

图11-56

07 选择"点光1"图层，将时间轴拖至0:00:04:00，设置"位置"值为1125.0,609.0,−492.7，调整参数如图11-57所示，调整效果如图11-58所示。

图11-57

图11-58

08 选择"粒子"图层，打开Particular效果控件，设置"发射器类型"为"灯光"，调整参数如图11-59所示。

图11-59

09 选择"灯光名"，将其命名为"点光"（只

有当灯光名和"时间轴"面板中的灯光名相同时，"合成"面板才有效果），调整参数如图11-60所示，调整效果如图11-61所示。

图11-60

图11-61

10 设置"速度""速度随机""速度分布""速度跟随运动"和"发射器大小XYZ"值均为0.0，调整参数如图11-62所示，调整效果如图11-63所示。

图11-62

11 展开"粒子"属性，设置"生命[秒]"值为2.0，设置"粒子类型"为"条状光线"，设置"大小"值为20.0，调整参数如图11-64所示，调整效果如图11-65所示。

图11-63

图11-64

图11-65

12 展开"生命期透明度",在PRESETS下拉列表中选择第二种效果(使粒子达到渐渐消散的效果),如图11-66所示,调整效果如图11-67所示。

图11-66

图11-67

13 设置"颜色"值为9DEFF2,调整参数如图11-68所示,调整效果如图11-69所示。

图11-68

图11-69

14 设置"粒子/秒"值为200,"位置子帧"值为10×平滑,调整参数如图11-70所示,调整效果如图11-71所示。

图11-70

15 按快捷键Ctrl+Y,创建一个纯色层,将其命名为"镜头光晕1",调整参数如图11-72所示。

图11-71

图11-72

16 选择该"镜头光晕1"，执行"效果"→Video Copilot→Optical Flares命令，在"时间轴"面板中选择"镜头光晕1"，设置其模式为"相加"，如图11-73所示，调整效果如图11-74所示。

图11-73

图11-74

17 打开Optical Flares效果控件，将Positioning Mode调整为3D，调整参数如图11-75所示。

图11-75

18 在"时间轴"面板中展开"镜头光晕1"效果和"点光1"中的"位置"参数，按住Alt键单击Optical Flares中的Position XY和Position Z的"时间变化秒表"按钮，创建表达式，按住Position XY和Position Z表达式中的"父级关联器"按钮，将其分别拖至"点光1"位置中的XY和Z参数中，调整参数如图11-76所示，调整效果如图11-77所示。

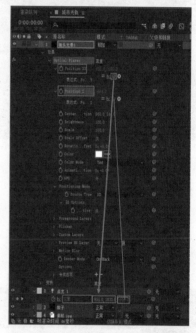

图11-76

图11-77

19 打开Optical Flares效果控件，设置Brightness值为50.0，Color值为ABFFFF，调整参数如图11-78，调整效果如图11-79所示。

图11-78

图11-79

20 选择"粒子"图层，执行"效果"→"风格化"→"发光"命令，打开"发光"效果控件，设置"发光阈值"值为40.0%，"发光半径"值为70.0，"发光强度"值为0.7，"发光颜色"为"A和B颜色"，调整参数如图11-80所示，调整效果如图11-81所示。

图11-80

21 执行"合成"→"新建合成"命令，创建"文字""文字动画"和"分形杂色"三个合成，如图11-82~图11-84所示。

图11-81

22 选择"文字动画"合成，单击"工具"面板中"横排文字"工具按钮**T**，输入"金融商城"四字，并将其居中，如图11-85所示。选择"金融商城"图层，将时间轴拖至0:00:00:00，按P键调出"位置"属性，单击"时间变化秒表"按钮，设置"位置"值为941.5，-234.0，调整参数如图11-86所示。

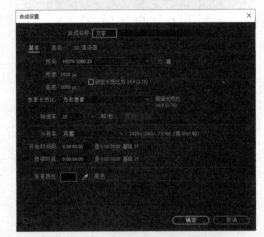

图11-82

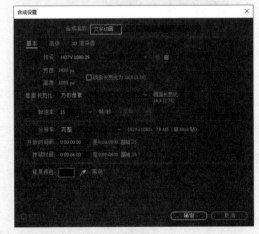

图11-83

图11-84

图11-85

图11-86

23 选择"金融商城"图层，将时间轴拖至 0:00:01:12，设置"位置"值为941.5,540.0，并选择前后两个关键帧，按F9键添加"缓入缓出"效果，调整参数如图11-87所示。选中前后两个关键帧，单击"图标编辑器"按钮，调整曲线如图11-88所示，至此文字动画制作完毕。

图11-87

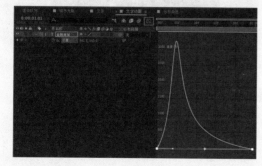

图11-88

24 打开"分形杂色"合成，按快捷键Ctrl+Y，创建一个纯色层，并命名为"分形杂色"，执行"效果"→"杂色和颗粒"→"分形杂色"命令，调整效果如图11-89所示。

图11-89

25 打开"分形杂色"效果控件，设置"分形类型"为"最大值"，"杂色类型"为"块"，取消选中"统一缩放"复选框，设置"缩放宽度"值为200.0，"缩放高度"值为1700.0，"偏移（湍流）"值为960.0,30.0，调整参数如图11-90所示，至此"分形杂色"制作完成。选择"文字"合成导入"文字动画"和"分形杂色"合成，单击"分形杂色"中"可视"按钮，如图11-91所示。

图11-90

图11-91

26 选择"文字动画"合成，执行"效果"→"时间"→"时间置换"命令，打开"时间置换"效果控件，设置"时间置换图层"为"分形杂色"，调整参数如图11-92所示，调整效果如图11-93所示。

图11-92

第十一章 第三方插件应用

图11-93

27 选择"文字动画"合成，执行"效果"→"生成"→"四色渐变"命令，调整效果如图11-94所示，选择"文字动画"合成，执行"效果"→"风格化"→"发光"命令。

图11-94

28 打开"发光"效果控件，设置"发光阈值"为55.7%，"发光半径"值为38.0，"发光强度"值为1.2，调整参数如图11-95所示，调整效果如图11-96所示。

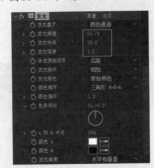

图11-95

图11-96

29 在"文字"合成中，选择"工具"面板中的"圆角矩形"工具 ▣，绘制一个遮住"金融商城"的形状图层，如图11-97所示。选择"形状图层1"图层，将时间轴拖至0:00:00:00，展开"矩形1"，设置"圆度"值为40.0，"描边宽度"值为4.0，"虚线"值为35.0，选择"偏移"属性，单击"时间变化秒表"按钮 ⏱，调整参数如图11-98所示。

图11-97

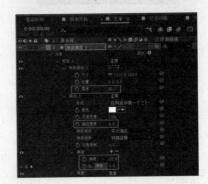

图11-98

30 选择"形状图层1"图层，将时间轴拖至0:00:04:00，设置"偏移"值为700.0，"不透明度"值为40%，调整参数如图11-99所示，调整效果如图11-100所示。

图11-99

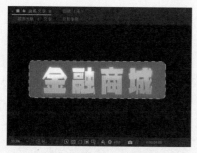

图11-100

31 按快捷键Ctrl+Y，创建一个纯色层，将其命名为"底部"，如图11-101所示。单击"工具"面板中"钢笔"工具按钮![img]，绘制一条长线，调整效果如图11-102所示。

图11-101

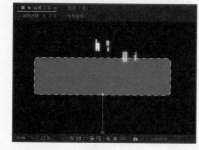

图11-102

32 选择"底部"纯色层，执行"效果"→RG Trapcode→3D Stroke命令，打开3D Stroke 效果控件，将时间轴拖至0:00:00:00，设置 Thickness值为3.0，单击End的"时间变化秒表"按钮![img]，设置参数如图11-103所示。

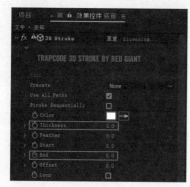

图11-103

33 选择"底部"图层，将时间轴拖至 0:00:01:00，设置End值为100.0，调整参数如 图11-104所示，调整效果如图11-105所示。

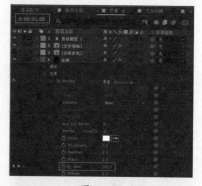

图11-104

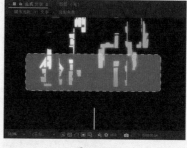

图11-105

34 选择"形状图层1""文字动画"和"分形杂色"图层，将时间轴拖至0:00:01:00，按快捷键Alt+【裁剪前面部分，如图11-106所示。

图11-106

35 选择"文字"图层，按P键调出"位置"属性，再按快捷键Shift+S调出"缩放"属性，设置"位置"值为717.0,574.0，"缩放"值为 61.0,61.0%，设置参数如图11-107所示，调整效果如图11-108所示。

图11-107

图11-108

36 至此，本例动画制作完毕，按小键盘上的0键预览动画，效果如图11-109所示。

图11-109

11.4 本章小结

　　本章主要讲解了 After Effects 2022 中的第三方插件 3D Stroke（3D 描边）和 Shine（扫光）效果的应用方法。其中，3D Stroke（3D 描边）是一款描绘三维路径的特效插件，可以将图层中的蒙版路径转换为线条，在三维空间中可以自由移动或旋转，并且可以为这些线条设置各种关键帧动画，主要用于制作类似动态轨迹、动态光效等动画效果；Shine（扫光）插件可以为文字或图层添加光效，常用于制作文字、标志和物体的发光效果。熟练掌握这两个插件对于制作绚丽的动画效果有很好的辅助作用，不仅可以丰富画面效果，也能大幅提高一些复杂特效的制作效率。

第12章

广告动画

相较于枯燥的文字和旁白解说，画面生动、色彩丰富、动感十足的广告动画可以帮助观众更好地了解产品，非常适合用来表现产品的特点及功能。本章主要使用 After Effects 的关键帧功能，制作一款耳机产品的广告动画。

制作完成的广告动画效果如图 12-1 所示。

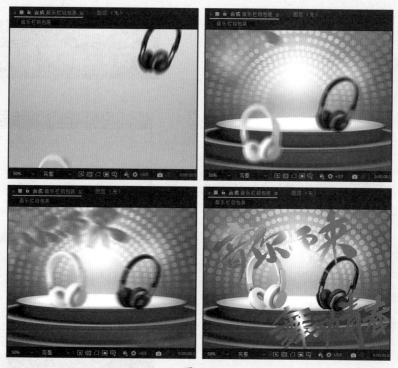

图12-1

12.1 产品广告动画制作

动画制作是整个实例制作的核心，本产品广告动画主要由舞台背景动画、耳机出场动画、文字动画等部分组成，具体的操作流程如下。

12.1.1 新建合成与导入素材

01 打开After Effects 2022，执行"合成"→"新建合成"命令，创建一个预设为HDTV /1080 25的合成，设置"持续时间"为0:00:03:00，并将其命名为"产品广告动画"，然后单击"确定"按钮，如图12-2所示。

图12-2

02 执行"文件"→"导入"→"文件…"命令，或者按快捷键Ctrl+I，导入"源文件/第12章/Footage"文件夹中的"彩色舞台背景.jpg"文件，如图12-3所示，并将"项目"面板中的"彩色舞台背景.jpg"素材拖至"时间轴"面板。

图12-3

12.1.2 制作舞台背景动画

舞台背景动画是一段缩放动画，这里使用添加关键帧的方法实现。首先将背景图片放大至800%，然后添加关键帧，设置缩放比例为50%，制作效果如图12-4和图12-5所示。

图12-4

01 选择"彩色舞台背景.jpg"图层，在"时间轴"面板，将时间轴移至0:00:00:00，按S

键展开"缩放"属性，设置"缩放"值为800.0,800.0%，并单击"时间变化秒表"按钮，如图12-6所示，调整效果如图12-7所示。

图12-5

图12-6

图12-7

02 选择"彩色舞台背景.jpg"图层，将时间轴移至0:00:00:10，设置"缩放"值为50.0,50.0%，调整参数如图12-8所示，调整效果如图12-9所示。

图12-8

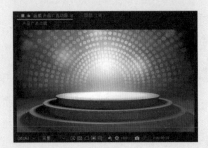

图12-9

12.1.3 制作耳机动画

为了突出耳机产品，本广告设计了产品飞入的效果，制作效果如图 12-10 和图 12-11 所示。

图12-10

图12-11

01 执行"文件"→"导入"→"文件…"命令，或者按快捷键Ctrl+I，导入"源文件/第12章/Footage"文件夹中的耳机图片，如图12-12所示。将"项目"面板中的"耳机.png"和"粉红耳机.png"素材拖至"时间轴"面板，选择"耳机.png"图层，按P键展开"位置"属性，设置"位置"值为1176.0,569.0，按快捷键Shift+S展开"缩放"属性，设置"缩放"值为20.0,20.0%，调整参数如图12-13所示，调整效果如图12-14所示。

图12-12

图12-13

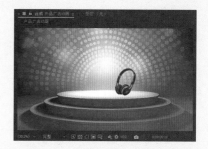

图12-14

02 选择"耳机.png"图层，将时间轴移至0:00:00:03，按P键展开"位置"属性，并单击"时间变化秒表"按钮 ，设置"位置"值为1450.0,-180.0，调整参数如图12-15所示，调整效果如图12-16所示。

图12-15

图12-16

03 选择"耳机.png"图层，将时间轴移至0:00:00:13，设置"位置"值为1176.0,569.0，调整参数如图12-17所示。

图12-17

04 选择"粉红耳机.png"图层，按S键展开"缩放"属性，设置"缩放"值为20.0,20.0%，按快捷键Shift+P展开"位置"属性，设置"位置"值为805.0,631.0，按快捷键Shift+R展开"旋转"属性，设置"旋转"值为0×-10.0°，调整参数如图12-18所示，调整效果如图12-19所示。选择"粉红耳机.png"图层，将时间轴移至0:00:00:06，按P键展开"位置"属性，并单击"时间变化秒表"按钮 ⏱，设置"位置"值为730.0,1325.0，调整参数如图12-20所示，调整效果如图12-21所示。

图12-18

图12-19

图12-20

图12-21

05 选择"粉红耳机.png"图层，将时间轴移至0:00:00:16，设置"位置"值为805.0,631.0，调整参数如图12-22所示,调整效果如图12-23所示。

图12-22

图12-23

12.1.4 制作文字动画

为了增加文字的动感，除了设置缩放动画，还需要添加旋转效果，如图12-24和图12-25所示。

图12-24

图12-25

01 执行"文件"→"导入"→"文件…"命令，或者按快捷键Ctrl+I，导入"源文件/第12章/Footage"文件夹中的"文字1.psd"和"文字2.psd"图片文件，如图12-26所示。将"项目"面板中的"文字1.psd"和"文字2.psd"素材拖至"时间轴"面板，选择"文字1.psd"图层，按S键展开"缩放"属性，设置"缩放"值为60.0,60.0%，按快捷键Shift+P展开"位置"属性，设置"位置"值为567.0,241.0，按快捷键Shift+R展开"旋转"属性，设置"旋转"值为0×-5.0°，调整参数如图12-27所示，调整效果如图12-28所示。

02 选择"文字1.psd"图层，将时间轴移至0:00:00:08，按P键调出"位置"属性，并单击"时间变化秒表"按钮 ⏱，设置"位置"值为80.0,-150.0，调整参数如图12-29所示。

图12-26

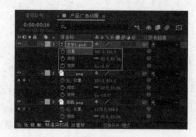

图12-27

图12-28

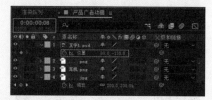

图12-29

03 选择"文字1.psd"图层，将时间轴移至
0:00:00:18，设置"位置"值为567.0,241.0，
调整参数如图12-30所示，调整效果如图12-31
所示。

图12-30

图12-31

04 选择"文字2.psd"图层，按S键展开"缩放"
属性，设置"缩放"值为40.0,40.0%，按快捷
键Shift+P展开"位置"属性，设置"位置"
值为1315.0,822.0，按快捷键Shift+R展开"旋
转"属性，设置"旋转"值为0×-9.0°，调
整参数如图12-32所示，调整效果如图12-33
所示。

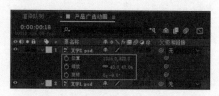

图12-32

图12-33

05 选择"文字2.psd"图层，将时间轴移至
0:00:00:10，按P键展开"位置"属性，并单
击"时间变化秒表"按钮，设置"位置"
值为1890.0,1215.0，调整参数如图12-34所
示。选择"文字2.psd"图层，将时间轴移至
0:00:00:20，设置"位置"值为1315.0,774.0，
调整参数如图12-35所示，调整效果如图12-36
所示。

图12-34

图12-35

图12-36

12.1.5 添加文字特效

本小节为文字添加 CC light Sweep 效果，使文字看起来更炫酷，再为总体添加 Bad Distortion 效果，使音乐栏目更震撼，制作效果如图 12-37 和图 12-38 所示。

图12-37

图12-38

01 选择"文字1.psd"图层，将时间轴移至0:00:00:18，执行"效果"→"生成"→CC light Sweep命令，调整参数如图12-39所示。单击"时间变化秒表"按钮 ，将时间轴移至0:00:01:10，调整参数如图12-40所示，调整效果如图12-41所示。

图12-39

图12-40

图12-41

02 选择"文字1.psd"的CC light Sweep效果，按快捷键Ctrl+C复制该效果，单击选中"文字2.psd"，按快捷键Ctrl+V粘贴效果，如图12-42所示，调整效果如图12-43所示。

图12-42

03 选中"文字1.psd""文字2.psd""耳机.png""粉红耳机.png"和"彩色舞台背景.jpg"图层，单击"运动模糊"按钮 ，如图12-44所示。

图 12-43

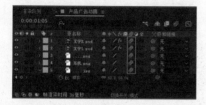

图 12-44

04 按快捷键 Ctrl+Alt+Y 创建 "调整图层
1"，选中 "调整图层 1"，将时间轴移至
0:00:00:13，按快捷键 Alt+【 裁剪前面的部
分，再将时间轴移至 0:00:01:00，按快捷键
Atl+】裁剪后面的部分，调整参数如图 12-45
所示。在右侧 "效果和预设" 面板中，选中
"预设"→Twitch→Bad Distortion 选项，将
其添加到 "调整图层 1"，调整效果如图 12-46
所示。

图 12-45

图 12-46

05 执行 "文件"→"导入"→"文件…" 命令，
或者按快捷键 Ctrl+I，导入 "源文件/第 12 章/
Footage" 文件夹中的 "音频.wav" 文件，如图

12-47 所示。将 "项目" 面板中的 "音频.wav"
素材拖至 "时间轴" 面板，至此，本例动画制
作完毕，效果如图 12-48 所示。

图 12-47

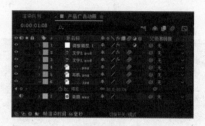

图 12-48

12.2 影片输出

全部动画效果制作完成后，即可添加到渲染
队列，进行最终的渲染输出。

01 在 "产品广告动画" 合成中执行 "合
成"→"添加到渲染队列" 命令，弹出 "渲
染队列" 窗口，如图 12-49 所示。

图 12-49

02 单击 "最佳设置" 按钮，进入 "渲染设置"
对话框，设置 "品质" 为最佳，"分辨率"
为 "完整"，设置完成后单击 "确定" 按
钮，如图 12-50 所示。

03 单击 "无损" 按钮，进入 "输出模块设置"
对话框，设置 "格式" 为 AVI，选中 "视频输
出" 复选框，并设置 "通道" 为 RGB，在对
话框下方选中 "自动音频输出" 选项，最后

单击"确定"按钮，具体参数设置如图12-51所示。

图12-50

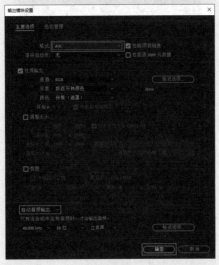

图12-51

04 单击"输出到:"后面的"产品广告动画.avi"按钮，进入"将影片输出到:"对话框，为其指定输出文件的路径，然后设置

"文件名"为"产品广告动画"，"保存类型"为AVI，最后单击"保存"按钮，如图12-52所示。

图12-52

05 设置完成后，在"渲染队列"窗口中单击"渲染"按钮，开始影片输出，如图12-53所示。

图12-53

12.3 本章小结

本章主要学习了产品广告动画的制作方法，在制作过程中使用了多种特效与表现技法，如Twitch、CC light Sweep等效果。熟练掌握各种表现技法对于实际项目的制作很有帮助，可以大幅提高项目的制作效率，丰富画面的内容。

环保宣传MG动画

MG 动画是目前比较热门的一种新兴动画形式，有别于普通动画，MG 动画主要是将文字和图形加上一些运动修饰进行动态化演示，因而短小精悍、生动有趣，同时传达信息的效果更强。本章制作一个以"大气污染"为主题的环保宣传 MG 动画，可以系统学习使用 After Effects 制作 MG 动画的方法。

制作完成的环保宣传 MG 动画预览效果，如图 13-1 所示。

图13-1

13.1 MG动画视频制作

环保宣传 MG 动画由背景动画、概念介绍动画、污染类型知识点动画等几部分组成，下面分别介绍各部分动画的制作方法。

13.1.1 新建合成与导入素材

01 打开After Effects 2022，执行"合成"→"新建合成"命令，创建一个"宽度"为1080px，"高度"值为608px的合成，设置"持续时间"为0:00:35:00，名称为"保护环境"，单击"确定"按钮，如图13-2所示。

图13-2

02 执行"文件"→"导入"→"文件…"命令，或者按快捷键Ctrl+I，导入"源文件/第13章/Footage"文件夹中的"背景.jpg"和"太阳.png"文件，如图13-3所示。

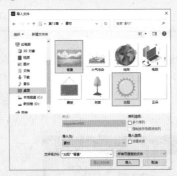

图13-3

13.1.2　制作背景动画

背景动画由旋转的太阳和树林背景组成，这里主要使用图层的"旋转"属性制作动画效果。

01 将"项目"面板中的"背景.jpg"素材拖至"时间轴"面板，按S键展开"缩放"属性，设置"缩放"值为38.0,38.0%，如图13-4所示，缩放效果如图13-5所示。

图13-4

图13-5

02 将"项目"面板中的"太阳.png"素材拖至"时间轴"面板，置于"背景.jpg"图层上方，按P键，再按快捷键Shift+S调出"位置"与"缩放"属性，设置"位置"值为137.0,121.0，"缩放"值为30.0,30.0%，如图13-6所示，调整效果如图13-7所示。

图13-6

图13-7

03 选中"太阳.png"图层，将时间轴移至0:00:00:00，并按快捷键Shift+R，调出"旋转"属性，并选择"旋转"属性，单击"时间变化秒表"按钮⬛，设置"旋转"值为0×+0.0°，如图13-8所示。

图13-8

04 选中"太阳.png"图层，将时间轴移至0:00:34:24，设置"旋转"值为10×+0.0°，调整参数如图13-9所示，背景动画制作完成。

图13-9

13.1.3　制作概念介绍动画

概念介绍动画通过调整素材的缩放和位置，达到缓出缓入的效果，绘制蒙版来达到文字渐显的效果，制作效果如图13-10和图13-11所示。

图13-10

图13-11

01 执行"文件"→"导入"→"文件…"命令，或者按快捷键Ctrl+I，导入"源文件/第13章/Footage"文件夹中的"大气污染.png"和"黑板.png"文件，如图13-12所示。将"项目"面板中的"黑板.png"素材拖至"时间轴"面板，按S键展开"缩放"属性，再按快捷键Shift+P展开"位置"属性，设置"位置"值为558.0,154.0，"缩放"值为48.0,48.0%，如图13-13所示。

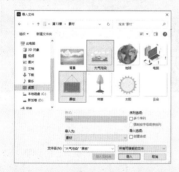

图13-12

图13-13

02 此时"合成"面板中的效果如图13-14所示。单击"黑板.png"图层，选择"工具"面板中"向后平移"工具■，调整效果如图13-15所示。

图13-14

图13-15

03 将"黑板.png"锚点向上平移，调整效果如图13-16所示。选择"黑板.png"图层，将时间轴移至0:00:00:12，按S键展开"缩放"属性，单击"时间变化秒表"按钮◎，设置"缩放"值为0.0,0.0%，调整参数如图13-17所示。

图13-16

图13-17

04 此时"合成"面板的效果如图13-18所示。选择"黑板.png"图层，将时间轴移至0:00:01:12，设置"缩放"值为48.0,48.0%，按F9键为两个"缩放"关键帧添加"缓动缓出"效果，调整参数如图13-19所示，调整效果如图13-20所示。

图13-18

图13-19

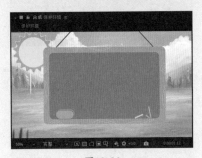

图13-20

05 将"项目"面板中的"大气污染.png"素材
拖至"时间轴"面板，按S键展开"缩放"属
性，再按快捷键Shift+P调出"位置"属性，
设置"位置"值为371.0,410.0，"缩放"值为
13.0,13.0%，如图13-21所示，调整效果如图
13-22所示。

图13-21

图13-22

06 选择"大气污染.png"图层，将时间轴移
至0:00:01:12，选择"缩放"属性，单击
"时间变化秒表"按钮 ⏱，设置"缩放"
值为0.0,0.0%，调整参数如图13-23所示。
选择"大气污染.png"图层，将时间轴移至
0:00:02:00，设置"缩放"值为13.0,13.0%，
按F9键为其两个"缩放"关键帧添加
"缓动缓出"效果，调整参数如图13-24
所示。

图13-23

图13-24

07 创建一个形状图层，设置"填充"为白色，
"描边"为无，效果如图13-25所示。

图13-25

08 选择"形状图层1"，展开"矩形路径"选
项，设置"圆度"值为42.0，调整参数如图
13-26所示，调整效果如图13-27所示。按T
键输入"大气污染"文字，文字颜色选择红
色，调整效果如图13-28所示。最后选中"大
气污染"和"形状图层1"进行预合成，命名
为"大气污染"，如图13-29所示。

图13-26

图13-27

图13-28

图13-29

09 选中"大气污染"合成，选择"工具"面板中的"矩形"工具 ▢，为其绘制一个可以覆盖文字的蒙版，调整效果如图13-30所示。选择"大气污染"图层，将时间轴移至0:00:02:05，选择"蒙版路径"，单击"时间变化秒表"按钮 ⏱，如图13-31所示。

图13-30

10 选中蒙版并将其右侧点全选，移动至左侧，将其隐藏，调整效果如图13-32所示。

图13-31

图13-32

11 选择"大气污染"图层，将时间轴移至0:00:03:05，设置"蒙版羽化"值为10.0，10.0，如图13-33所示。

图13-33

12 选中该蒙版，将其从左侧移至右侧，使其显示出来，调整效果如图13-34所示。按T键输入介绍文字，设置文字颜色为白色，具体参数如图13-35所示。

图13-34

图13-35

13 选中"文字"图层，按P键调出"位置"，设置"位置"值为533.0,327.0，调整参数如图13-36所示，调整效果如图13-37所示。

图13-36

图13-37

14 在"效果和预设"面板中搜索"淡化上升字符"效果，将其拖至"文字"图层，如图13-38所示，调整效果如图13-39所示。

图13-38

图13-39

15 选中"文字图层""大气污染""大气污染.png""黑板.png"进行预合成，命名为01，如图13-40所示，选中01合成，使用"向后平移"工具 将锚点移至上方，调整效果如图13-41所示。

图13-40

图13-41

16 选择01图层，将时间轴移至0:00:06:06，按S键展开"缩放"属性，单击"时间变化秒表"按钮 ，设置"缩放"值为100.0,100.0%，调整参数如图13-42所示。选择01图层，将时间轴移至0:00:07:06，设置"缩放"值为0.0,0.0%，按F9键为其两个"缩放"关键帧设置"缓动缓出"效果，调整参数如图13-43所示，概念介绍动画制作完成。

图13-42

图13-43

13.1.4 制作污染类型知识点动画

与制作概念介绍动画类似，污染类型知识点动画使用缩放属性制作文字渐出的效果，再使用动画预设制作云朵飘出的效果，制作效果如图13-44和图13-45所示。

图13-44

图13-45

01 执行"文件"→"导入"→"文件…"命令，或者按快捷键Ctrl+I，导入"源文件/第13章/Footage"文件夹中的"云朵"文件，如图13-46所示。选择"工具"面板中"圆角矩形"工具◻，创建"形状图层1"，如图13-47所示。

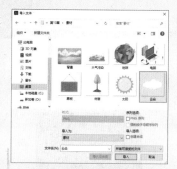

图13-46

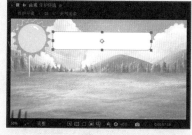

图13-47

02 调整"填充颜色"为白色，"形状描边"为蓝色，效果如图13-48所示。

图13-48

03 选择"形状图层1"图层，将时间轴移至0:00:07:16，按S键展开"缩放"属性，单击"时间变化秒表"按钮◻，设置"缩放"值为0.0,0.0%，调整参数如图13-49所示。选择"形状图层1"图层，将时间轴移至0:00:08:16，设置"缩放"值为100.0,100.0%，按F9键为其两个"缩放"关键帧设置"缓动缓出"效果，如图13-50所示。

图13-49

图13-50

04 按快捷键Ctrl+T，输入"污染类型"文字，设置颜色为红色，具体参数设置如图13-51所示。选择"污染类型"文字图层，按P键调出"位置"属性，设置"位置"值为390.0,203.0，调整参数如图13-52所示，调整效果如图13-53所示。

图13-51　　　　　　　　图13-52

图13-53

05 在"效果和预设"面板中搜索"3D 基础旋转

Y层叠"，并拖至"文字"图层，调整参数如
图13-54所示，调整效果如图13-55所示。

图13-54

图13-55

06 将"项目"面板中的"云朵.png"素材拖至
"时间轴"面板，选择"云朵.png"图层，将
时间轴移至0:00:11:16，按P键调出"位置"
属性，单击"时间变化秒表"按钮 ⓸，设置
"位置"值为540.0,-235.0，调整参数如图
13-56所示，调整效果如图13-57所示。

图13-56

图13-57

07 选择"云朵.png"图层，将时间轴移至
0:00:12:16，设置"位置"值为540.0,379.0，
按F9键为其两个"位置"关键帧设置"缓动
缓出"效果，调整参数如图13-58所示，调整
效果如图13-59所示。

图13-58

08 按快捷键Ctrl+T，输入相关文字，调整参数如
图13-60所示。

图13-59　　　　　　　　　图13-60

09 设置该文字颜色为蓝色，展开"段落"参数，
单击"文字居中"按钮，如图13-61所示。

图13-61

10 选择该文字图层，按P键调出位置属性，设
置"位置"值为554.9,428.4，调整参数如图
13-62所示，调整效果如图13-63所示。

图13-62

图13-63

11 在"效果和预设"面板中搜索"淡化上升字

符"效果，并拖至"文字"图层，如图13-64
所示，调整效果如图13-65所示。

图13-64　　　　　　图13-65

12 选中"文字图层""云朵.png""污染类型"
和"形状图层1"图层进行预合成，命名为
02，如图13-66所示。

图13-66

13 选择02图层，将时间轴移至0:00:15:00，选中
02合成，按P键调出"位置"属性，单击"时
间变化秒表"按钮 ⏱，设置"位置"值为
540.0,304.0，如图13-67所示。

图13-67

14 选择02图层，将时间轴移至0:00:16:00，设
置"位置"值为-492.0,304.0，按F9键为其两
个"位置"关键帧设置"缓动缓出"效果，
并单击"运动模糊"按钮 🔘，调整参数如图
13-68所示，调整效果如图13-69所示。

图13-68

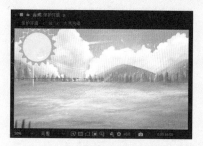

图13-69

13.1.5　制作制造污染行业知识点动画

制作该知识点动画，首先使用"矩形"工具绘
制背景，设置不透明度变化并添加缓入缓出效果，
然后在背景上绘制绿色圆形和圆环，再将圆环绑
定到圆形上，制作跟随运动的效果。最后输入文
字，添加动画预设，完成文字动画制作，效果如
图13-70和图13-71所示。

图13-70

图13-71

01 执行"文件"→"导入"→"文件…"命
令，或者按快捷键Ctrl+I，导入"源文件/第
13章/Footage"文件夹中的"电脑"文件，如
图13-72所示。使用"矩形"工具 🔲 创建一个
形状图层，如图13-73所示，选中"形状图层
1"，展开"矩形路径"属性，设置"圆度"
值为30.0，如图13-74所示。

图13-72

图13-76

图13-73

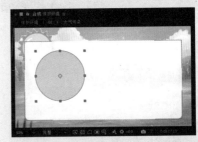

图13-77

图13-74

02 选择"形状图层1"图层,将时间轴移至0:00:16:12,按S键展开"缩放"属性,单击"时间变化秒表"按钮 ,设置"缩放"值为0.0,0.0%,按快捷键Shift+T调出"不透明度"属性,设置"不透明度"值为90%,调整参数如图13-75所示。选择"形状图层1"图层,将时间轴移至0:00:17:12,设置"缩放"值为100.0,100.0%,按F9键为其两个"缩放"关键帧设置"缓动缓出"效果,如图13-76所示,调整效果如图13-77所示。

03 选择"工具"面板中的"椭圆"工具 ,按住Shift键绘制"形状图层2",设置"填充颜色"为绿色,绘制形状如图13-78所示。

图13-78

04 选中"形状图层2",按快捷键Ctrl+D复制一层得到"形状图层3",然后按S键展开"缩放"属性,设置"缩放"值为119.0,119.0%,调整参数如图13-79所示。将"形状图层3"的"填充颜色"关闭,设置"描边颜色"为绿色,设置"像素"为5.0,绘制的圆环效果如图13-80所示。

图13-75

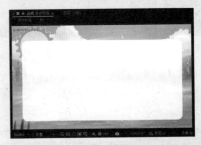

图13-79

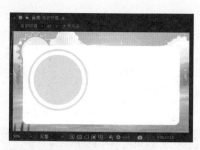

图13-80

05 选中"形状图层3",单击按住"父级关联器"按钮 ◎ ,将其拖入至"形状图层2"中,使其受"形状图层2"影响,如图13-81所示。

图13-81

06 选择"形状图层2"图层,将时间轴移至0:00:18:00,按S键展开"缩放"属性,单击"时间变化秒表"按钮 ◎ ,设置"缩放"值为0.0,0.0%,如图13-82所示。选择"形状图层2"图层,将时间轴移至0:00:19:00,设置"缩放"值为100%,按F9键为其两个"缩放"关键帧设置"缓动缓出"效果,调整参数如图13-83所示。

图13-82

图13-83

07 将"项目"面板中的"电脑.png"素材拖至

"时间轴"面板,将时间轴移至0:00:19:20,按P键调出"位置"属性,按快捷键Shift+S调出"缩放"属性,设置"位置"值为316.0,260.0,"缩放"值为24.0,24.0%,调整参数如图13-84所示,调整效果如图13-85所示。

图13-84

图13-85

08 按T键调出"不透明度"属性,单击"时间变化秒表"按钮 ◎ ,设置"不透明度"值为0%,调整参数如图13-86所示。选择"电脑.png"图层,将时间轴移至0:00:20:20,设置"不透明度"值为100%,按F9键为其两个"不透明度"关键帧设置"缓动缓出"效果,调整参数如图13-87所示,调整效果如图13-88所示。

图13-86

图13-87

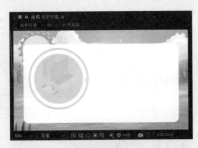

图13-88

09 使用"圆角矩形"工具 ⬛ 绘制一个"形状图层4",展开"矩形路径",调整参数如图13-89所示,调整效果如图13-90所示。

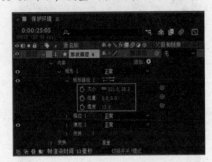

图13-89

图13-90

10 选中"形状图层4",按快捷键Ctrl+Alt+Home将锚点居中,调整效果如图13-91所示。

图13-91

11 选择"形状图层4"图层,将时间轴移至0:00:21:00,按S键展开"缩放"属性,单击"时间变化秒表"按钮 ⏱,单击"约束

比例"按钮 🔗(使单一方向产生缩放),设置"缩放"值为0.0,100.0%,调整参数如图13-92所示。选择"形状图层4"图层,将时间轴移至0:00:22:00,设置"缩放"值为100.0,100.0%,调整参数如图13-93所示,调整效果如图13-94所示。

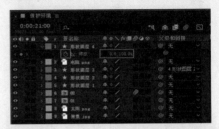

图13-92

图13-93

图13-94

12 按快捷键Ctrl+T,输入"行业类型"文字,设置颜色为蓝色,具体参数如图13-95所示,调整效果如图13-96所示。

图13-95   图13-96

13 在"效果和预设"面板中搜索"3D字符旋转进入",并拖至文字图层,如图13-97所示。

After Effects 2022特效合成完全实战技术手册

图13-97

14 调整效果如图13-98所示。使用"椭圆"工具█绘制一个"形状图层5",关闭填充,描边颜色为绿色,设置"像素"值为5,按P键调出"位置"属性,设置"位置"值为432.0,169.0,调整参数如图13-99所示,调整效果如图13-100所示。

图13-98

图13-99

图13-100

15 选择"钢笔"工具█,绘制两个点形成一条直线,命名为"形状图层6",调整效果如图13-101所示。

16 选择"形状图层5"图层,将时间轴移至0:00:24:00,选中"形状图层5",按T键调出"不透明度"属性,单击"时间变化秒表"按钮█,设置"不透明度"值为0%,调整参数如图13-102所示。选择"形状图层5"图

层,将时间轴移至0:00:24:12,设置"不透明度"值为100%,如图13-103所示。

图13-101

图13-102

图13-103

17 选择"形状图层6"图层,将时间轴移至0:00:24:12,按T键调出"不透明度"属性,单击"时间变化秒表"按钮█,设置"不透明度"值为0%,调整参数如图13-104所示。选择"形状图层6"图层,将时间轴移至0:00:25:00,设置"不透明度"值为100%,调整参数如图13-105所示。

图13-104

图13-105

18 按快捷键Ctrl+T,输入"化工行业",设置颜色为蓝色,具体参数如图13-106所示,调整后的效果如图13-107所示。

图13-106   图13-107

19 选择"化工行业"图层并右击,在弹出的快捷菜单中选择"图层样式"→"描边"选项,如图13-108所示,设置文字颜色为红色,调整效果如图13-109所示。

图13-108

图13-109

20 选中"化工行业"文字图层,在"效果和预设"面板中搜索"淡化上升字符",并拖至"文字"图层,如图13-110所示,调整效果如图13-111所示。

图13-110

图13-111

21 选中"化工行业""形状图层5""形状图层6",按快捷键Ctrl+D复制出"化工行业2""形状图层7""形状图层8",调整如图13-112所示,调整后如图13-113所示。

图13-112

图13-113

22 选中"化工行业2""形状图层7""形状图层8"按快捷键Ctrl+D复制出"化工行业3""形状图层9""形状图层10"图层,调整参数如图13-114所示,调整效果如图13-115所示。

图13-114

图13-115

23 选中"化工行业2"文字图层，将其命名为"畜牧养殖行业"，选中"化工行业3"文字图层，将其命名为"纺织印染行业"，调整效果如图13-116所示。选中"形状图层1"至"形状图层10""行业类型"至"纺织印染行业文字图层"，将它们预合成，命名为03，如图13-117所示。

图13-116

图13-117

24 选择03图层，将时间轴移至0:00:27:14，按S键展开"缩放"属性，单击"时间变化秒表"按钮 ⏱，设置"缩放"值为100.0,100.0%，如图13-118所示。将时间轴移至0:00:28:14，设置"缩放"值为0.0,0.0%，按F9键为其两个"缩放"关键帧设置"缓动缓出"效果，如图13-119所示，调整效果如图13-120所示。

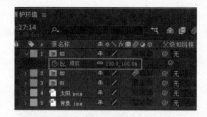

图13-118

图13-119

图13-120

13.1.6 制作保护环境宣传语动画

导入素材，制作地球的缩放和树苗的渐变效果，然后使用"矩形"工具绘制长方形文字背景，输入文字为其添加动画预设，完成第四段动画，制作效果如图13-121和图13-122所示。

图13-121

图13-122

01 执行"文件"→"导入"→"文件…"命令，或者按快捷键Ctrl+I，导入"源文件/第13章/Footage"文件夹中的"树苗""地球"文件，如图13-123所示。将"项目"面板中的"地球.png"素材拖至"时间轴"面板，按S键展开"缩放"属性，设置"缩放"值为50.0,50.0%，调整参数如图13-124所示，调整效果如图13-125所示。选择"地球.png"图层，将时间轴移至0:00:28:20，设置"缩放"值为0.0,0.0%，单击"时间变化秒表"按钮 ◎，如图13-126所示。

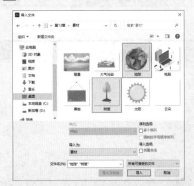

图13-123

图13-124

图13-125

图13-126

02 选择"地球.png"图层，将时间轴移至

0:00:29:10，设置"缩放"值为50.0,50.0%，按F9键为其两个"缩放"关键帧设置"缓动缓出"效果，调整参数如图13-127所示。

图13-127

03 将"项目"面板中的"树苗.png"素材拖至"时间轴"面板，按P键调出"位置"属性，按快捷键Shift+S调出"缩放"属性，设置"位置"值为373.0,148.0，设置"缩放"值为20.0,20.0%。调整参数如图13-128所示，调整效果如图13-129所示。

图13-128

图13-129

04 选中"树苗.png"按快捷键Ctrl+D复制四个"树苗.png"图层，按P键调出"位置"属性，调整参数如图13-130所示，调整效果如图13-131所示。

图13-130

图13-131

05 在0:00:29:10，选中五个"树苗.png"图层，按T键调出"不透明度"属性，单击"时间变化秒表"按钮 ⏱，设置"不透明度"值为0%，调整参数如图13-132所示，在0:00:30:00，设置"不透明度"值为100%，如图13-133所示。

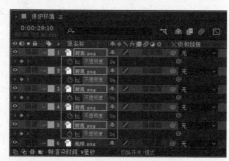

图13-132

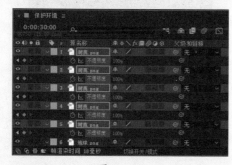

图13-133

06 按U键显示关键帧，将五个"树苗.png"图层的位置分别错开，按F9键为其十个"不透明度"关键帧设置"缓动缓出"属性，调整参数如图13-134所示，调整效果如图13-135所示。

图13-134

图13-135

07 使用"矩形"工具绘制一个蒙版，绘制效果如图13-136所示。

图13-136

08 选中"工具"面板中的"创建蒙版"工具 ▓（可以在形状图层上创建蒙版，而非在形状图层上再创建一个形状图层），绘制蒙版如图13-137所示。

图13-137

09 选择"形状图层1"图层，将时间轴移至0:00:31:00，选中"形状图层1"并展开"蒙版"属性，选择蒙版路径，单击"时间变化秒表"按钮 ⏱，设置"蒙版羽化"值为15.0,15.0，调整参数如图13-138所示。调整蒙版路径，将右侧的点向左侧拖入，隐藏其蒙版，如图13-139所示。

图13-138

图13-139

10 选择"形状图层1"图层，将时间轴移至0:00:31:12，在"蒙版路径"上创建关键帧，将隐藏的蒙版重新显现出来，如图13-140所示，调整效果如图13-141所示。

图13-140

图13-141

11 按快捷键Ctrl+T，输入"保护生态环境共筑美好家园"文字，设置"颜色"为绿色，文字参数调整如图13-142所示。将"文字"图层置于"蒙版"上方，调整效果如图13-143所示。

图13-142

图13-143

12 在"效果和预设"面板中搜索"3D从摄像机后下飞"，并拖入至文字图层，如图13-144所示，调整效果如图13-145所示。

图13-144

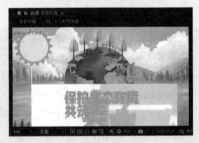

图13-145

13.2 影片输出

动画制作完成后要得到最终视频还需要对影片进行输出，本节将具体介绍影片的输出方法。

01 在"保护环境"合成中执行"合成"→"添加到渲染队列"命令，弹出"渲染队列"窗口，如图13-146所示。

图13-146

02 单击"渲染设置"后面的"最佳设置"按钮，弹出"渲染设置"对话框，设置"品质"为"最佳"，"分辨率"为"完整"，设置完成后单击"确定"按钮，如图13-147所示。

图13-147

03 单击"输出模块"后面的"高品质"按钮，弹出"输出模块设置"对话框，设置"格式"为QuickTime，选中"视频输出"复选框，并设置"通道"为RGB，在对话框下方选中"自动音频输出"选项，最后单击"确定"按钮，具体参数设置如图13-148所示。

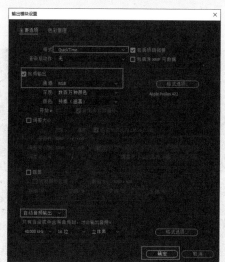

图13-148

04 单击"输出到："后面的"环境保护.mov"按钮，弹出"将影片输出到："对话框，为其指定输出路径，然后设置"文件名"为"保护环境"。"保存类型"为QuickTime（*.mov），最后单击"保存"按钮，如图13-149所示。

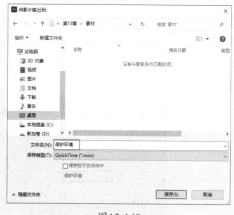

图13-149

05 设置完成后，在"渲染队列"窗口单击"渲染"按钮开始输出影片，如图13-150所示。

图13-150

13.3 本章小结

本章主要学习了环保宣传 MG 动画的制作，在制作过程中使用了多种特效与表现技法，如 3D 文字特效、蒙版运动、属性变化等效果的运用。在本例中，图层与图层之间的巧妙叠加，使画面有了绚丽多姿的视觉效果，所以在学习本章的过程中应该注意图层的运用。

第14章

栏目包装

栏目包装用于突出节目、栏目或频道个性特征和特点，确立并增强观众对节目、栏目、频道的识别能力。本章制作的是诗词朗诵栏目的包装，通过经典诗词的不断闪现和滑动，让观众瞬间感受到中华诗词文化之博大精深。

本例完成后的效果如图 14-1 所示。

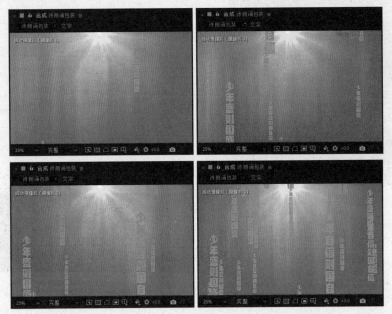

图14-1

14.1 制作栏目包装视频

本栏目包装视频由背景动画、光芒特效、文字动画和文字特效等部分组成，下面分别介绍各部分动画的制作方法。

14.1.1 新建栏目包装项目

01 打开After Effects 2022，执行"合成"→"新建合成"命令，创建一个预设为"HDTV 1080 25"的合成，设置"持续时间"为0:00:10:00，并将其命名为"诗朗诵包装"，然后单击"确定"按钮，如图14-2所示。

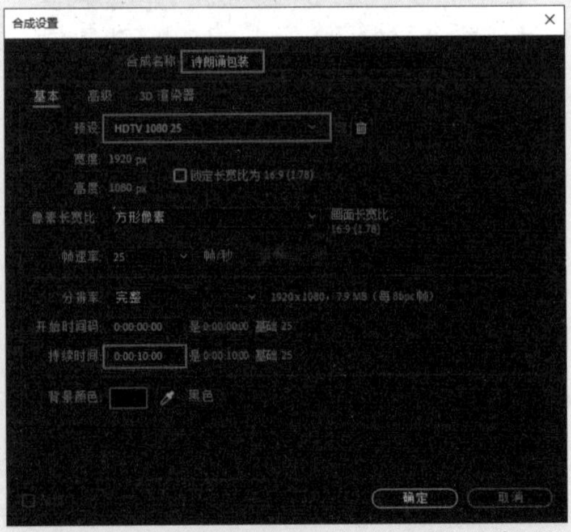

图14-2

02 在"时间轴"面板中右击，在弹出的快捷菜单中创建"纯色1"纯色图层，如图14-3所示。选中"纯色1"图层，执行"效果"→"生成"→"梯度渐变"命令，生成渐变颜色背景，如图14-4所示。

图14-3

图14-4

14.1.2　制作包装视频背景

视频背景在渐变纯色图层上制作，使用Optical Flares插件绘制灯光特效，调整灯光颜色后即可完成视频背景的制作，效果如图14-5所示。

图14-5

01 选择"纯色1"图层，在"效果控件"面板的"渐变形状"下拉列表中选择"径向渐变"，如图14-6所示，调整效果如图14-7所示。

图14-6

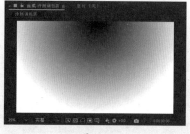

图14-7

02 调整"起始颜色"为黄色，"结束颜色"为红色，渐变效果如图14-8所示。

图14-8

03 在"时间轴"面板中右击，在弹出的快捷菜单中创建"灯光"纯色图层，如图14-9所示。执行"效果"→Video Copilot→Optical Flares命令，调整效果如图14-10所示。

图14-9

04 选中"灯光"图层，将模式调整为"屏幕"，如图14-11所示，调整效果如图14-12所示。

第14章　栏目包装

281

图14-10

图14-11

图14-12

05 打开"灯光"效果控件，设置Position XY为945.0,16.0，Center Position为939.0,1120.0，参数设置如图14-13所示，调整效果如图14-14所示。

图14-13

图14-14

06 调整颜色为黄色，调整效果如图14-15所示。

图14-15

07 选中"灯光"图层，将模式调整为"相加"，如图14-16所示，调整效果如图14-17所示。

图14-16

图14-17

08 按住Alt键，单击Rotation Offset的"时间变化秒表"按钮 ，调整参数如图14-18所示。

图14-18

09 选择"灯光"图层，在"时间轴"面板中写入Time*10表达式，调整参数如图14-19所示，调整效果如图14-20所示。

After Effects 2022特效合成完全实战技术手册

图14-19

图14-20

14.1.3 制作光芒效果

01 再次新建纯色层,使用Particular粒子特效制作
光芒效果,将"时间轴"面板中的模式修改为
"屏幕",设置颜色为黄色,绘制金黄光芒效
果,制作效果如图14-21和图14-22所示。

图14-21

图14-22

02 在"时间轴"面板中右击,在弹出的快捷菜
单中创建"竖线"纯色图层,如图14-23所
示。执行"效果"→RG Trapcode→Particular
命令,选中Particular效果控件,单击Designer
按钮,如图14-24所示。

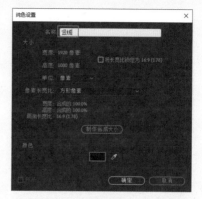

图14-23

图14-24

03 打开预设后,单击左上角PRESETS按钮,选
中其中的Northern Lights预设,如图14-25所
示,调整效果如图14-26所示。

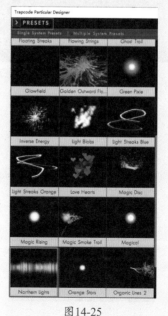

图14-25

第14章 栏目包装

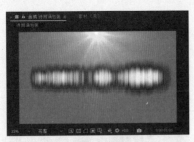

图14-26

04 打开Particular效果控件，展开"发射器"属性，设置"粒子/秒"值为5，调整参数如图14-27所示，调整效果如图14-28所示。

图14-27

图14-28

05 展开"粒子"属性，设置"高宽比"值为1.33，"大小"值为1000.0，调整参数如图14-29所示，调整效果如图14-30所示。

图14-29

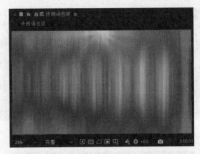

图14-30

06 选中"竖线"图层，将模式调整为"屏幕"，如图14-31所示，展开"粒子"属性，在"设置颜色"下拉列表中选择"开始"选项，如图14-32所示。

图14-31

图14-32

07 设置"颜色"为黄色，如图14-33所示，调整效果如图14-34所示。

图14-33

图14-34

08 展开"粒子"属性，设置"透明度"值为40.0，调整参数如图14-35所示，调整效果如图14-36所示。

图14-35

图14-36

14.1.4 制作诗朗诵文字动画

文字动画效果主要通过添加关键帧的方法制作，在不同的关键帧位置，调整文字的位置和大小，文字动画效果如图14-37和图14-38所示。

01 在"时间轴"面板中右击，在弹出的快捷菜单中创建"文字粒子"纯色图层，如图14-39所示。选中"文字粒子"图层，执行"效果"→RG Trapcode→Particular命令，在"项

目"面板中单击"新建合成"按钮，如图14-40所示。

图14-37

图14-38

图14-39

图14-40

02 新建合成并命名为"文字"，如图14-41所示，在"工具"面板按住"横排文字工具"按钮 T，在弹出的列表中选择"直排文字工具" T，如图14-42所示。

图14-41

图14-42

03 按快捷键Ctrl+T，输入"少年强则国强"，设置颜色为黄色，调整参数如图14-43所示，调整效果如图14-44所示。

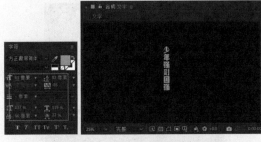

图14-43　　　　　　图14-44

04 按快捷键Ctrl+K调整"合成设置"，设置"持续时间"值为10，如图14-45所示。

图14-45

05 选择"少年强则国强"图层，将时间轴移至0:00:00:01，按快捷键Ctrl+Shift+D拆分图层，将拆分出的"少年强则国强2"命名为

"少年盛则国盛"，如图14-46所示，调整效果如图14-47所示。

图14-46

图14-47

06 选择"少年盛则国盛"图层，将时间轴移至0:00:00:02，按快捷键Ctrl+Shift+D拆分图层，将拆分出的"少年盛则国盛2"命名为"少年自信则国自信"，如图14-48所示，调整效果如图14-49所示。

图 14-48

图14-49

07 选择"少年自信则国自信"图层，将时间轴移至0:00:00:03，按快捷键Alt+]裁剪到后面部分，调整效果如图14-50所示。选中"少年强则国强""少年盛则国盛""少年自信则国自信"按快捷键Ctrl+D复制两次，并调整其位置，最后选中"少年自信则国自信3"，按快捷键Ctrl+D复制一层"少年自信则国自信4"，具体调整如图14-51所示。

After Effects 2022特效合成完全实战技术手册

图14-50

图14-51

14.1.5　制作诗朗诵文字特效

使用Particular粒子效果，调整粒子类型，将纹理修改为文字，制作出文字跟随粒子运动的效果。新建摄像机和空对象，调整空对象的位置，最后将文字粒子父级链接至空对象上，以得到文字粒子跟随空对象的效果，最终效果如图14-52和图14-53所示。

图14-52

图14-53

01 选中"文字粒子"图层，展开"发射器"属性，设置"发射器类型"为"盒子"，如图14-54所示。设置"粒子/秒"值为50，设置"速度""速度随机""速度分布""速度跟随运动"值均为0.0，设置"发射器大小"为"XYZ个体"，"发射器大小X""发射器大小Y""发射器大小Z"参数分别为5000、

1000、5000，如图14-55所示，调整效果如图14-56所示。

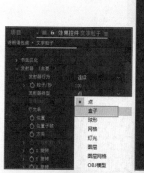

图14-54　　　　　图14-55

图14-56

02 将"文字"合成拖至"诗朗诵包装"合成中，并单击"独奏"按钮，如图14-57所示。

图14-57

03 选中"文字粒子"图层，展开"粒子"属性，设置"粒子类型"为"精灵"，如图14-58所示。展开"纹理"属性，设置"图层"为"文字"，如图14-59所示。设置"时间采样"为"随机-静帧"，如图14-60所示，调整效果如图14-61所示。

图14-58

图14-59

图14-60

图14-61

04 按快捷键Ctrl+Shift+Y创建摄像机，在弹出的"摄像机设置"对话框中，设置"预设"值为"135毫米"，如图14-62所示，调整效果如图14-63所示。

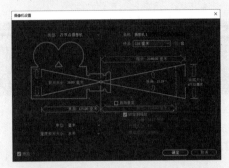

图14-62

图14-63

05 选中"文字粒子"图层，单击激活"三维图层"按钮，如图14-64所示，选中"文字粒子"效果控件，展开"纹理"属性，设置"大小"值为300.0，如图14-65所示，调整效果如图14-66所示。

图14-64

图14-65

图14-66

06 展开"粒子"属性，设置"生命[秒]"值为15.0，如图14-67所示，调整效果如图14-68所示。

图14-67

图14-68

07 在"时间轴"面板右击，在弹出的快捷菜单中创建"空对象"，如图14-69所示。

图14-69

08 选中"空1"图层，将时间轴移至0:00:00:00，单击激活"三维图层"按钮，按P键调出"位置"属性，单击"时间变化秒表"按钮，调整参数如图14-70所示。选中"空1"图层，将时间轴移至0:00:03:00，设置"位置"值为241.0,540.0,0.0，调整参数如

图14-71所示，调整效果如图14-72所示。

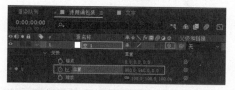

图14-70

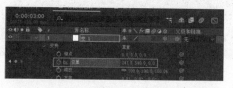

图14-71

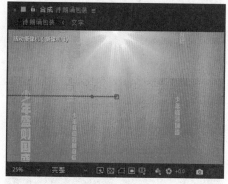

图14-72

09 选中"文字粒子"图层，按住"父级关联器"按钮，将其拖至"空1"图层上，如图14-73所示。至此，本例动画制作完毕，调整效果如图14-74所示。

图14-73

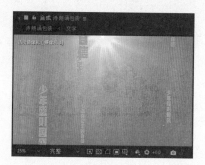

图14-74

14.2　影片输出

01 在"诗朗诵包装"合成中执行"合成"→"添加到渲染队列"命令,弹出"渲染队列"窗口,如图14-75所示。

图14-75

02 单击"渲染设置"后面的"最佳设置"按钮,弹出"渲染设置"对话框,设置"品质"为"最佳","分辨率"为"完整",设置完成后单击"确定"按钮,如图14-76所示。

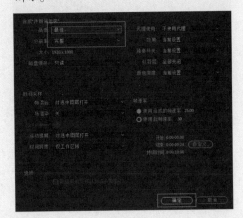

图14-76

03 单击"输出模块"后面的"高品质"按钮,弹出"输出模块设置"对话框,设置"格式"为QuickTime,选中"视频输出"复选框,并设置"通道"为RGB,在对话框下方选中"自动音频输出"选项,最后单击"确定"按钮,具体参数设置如图14-77所示。

04 单击"输出到:"后面的"诗朗诵包装.mov"按钮,弹出"将影片输出到:"对话框,为其指定输出路径,然后设置"文件名"为"诗朗诵包装","保存类型"为QuickTime(*.mov),最后单击"保存"按钮,如图14-78所示。

05 设置完成后,在"渲染队列"窗口单击"渲染"按钮开始输出影片,如图14-79所示。

图14-77

图14-78

图14-79

14.3　本章小结

本章主要学习了诗朗诵栏目包装的实例制作,在制作过程中使用了梯度渐变、摄像机、三维图层、Optical Flares、Particular 等效果。诗朗诵包装需要尽量多使用一些与古诗文相关的元素,这样制作出来的视频才能更具真实感,也更有韵味。After Effects 在合成包装方面是很强大的,它可以兼容很多二维或三维软件,例如很多特效都是在 3ds Max 中制作出来,然后再导入 After Effects 中进行后期合成,在学习中除了熟练掌握 After Effects 自带的一些特效技术,还可以多了解一些辅助软件,这样在影视合成制作中才能得心应手,制作出更炫的特效。

第15章

城市宣传片片头

城市宣传片以强烈的视觉冲击力和影像震撼力树立城市形象，概括性地展现一座城市的历史文化和地域文化特色，是城市或地域宣传的视觉名片。本章制作的城市宣传片片头，将城市的特色建筑与山水风光相结合，营造出极具特色的艺术氛围。

本例效果如图15-1所示。

图15-1

15.1 视频制作

本宣传片片头动画由背景动画、文字烟雾动画和水墨渐隐动画等部分组成，下面分别介绍具体的制作方法。

15.1.1 新建合成与导入素材

01 打开After Effects 2022，执行"合成"→"新建合成"命令，创建一个预设为"HDTV 1080 25"的合成，设置"持续时间"为0:00:08:00，并命名为"水墨城市宣传片头"，单击"确定"按钮，如图15-2所示。

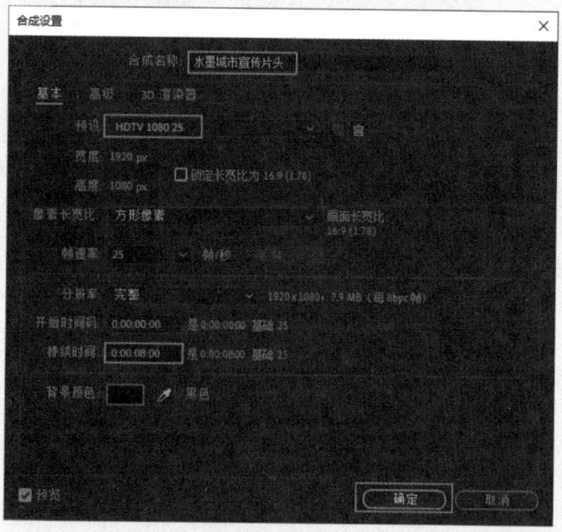

图15-2

02 执行 "文件" → "导入" → "文件…" 命令, 或者按快捷键Ctrl+I, 导入 "源文件/第15章/Footage" 文件夹中的所有素材文件, 如图15-3和图15-4所示。

图15-3

图15-4

15.1.2 制作城市背景合成

首先制作城市背景, 将导入的素材添加三维图层, 然后调整素材的大小和位置, 得到如图 15-5 所示的合成效果。

图15-5

01 执行 "合成" → "新建合成" 命令, 创建一个预设为HDTV 1080 25的合成, 设置 "持续时间" 为0:00:08:00, 并将其命名为 "场景", 单击 "确定" 按钮, 如图15-6所示。

02 将 "项目" 面板中的01.png、02.png、03.png、04.png素材拖至 "时间轴" 面板中的0:00:00:00, 单击激活 "三维图层" 按钮 ◉, 如图15-7所示, 调整效果如图15-8所示。

图15-6

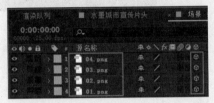

图15-7

图15-8

03 选择01.png图层, 按P键调出 "位置" 属性, 设置 "位置" 值为1177.0,540.0,0.0, 按快捷键Shift+S调出 "缩放" 属性, 设置 "缩放" 值为50.0,50.0,50.0%; 选择02.png图层, 按P键调出 "位置" 属性, 设置 "位置" 值为960.0,584.0,0.0; 选择03.png图层, 按P键调出 "位置" 属性, 设置 "位置" 值为1368.0,482.0,0.0, 按快捷键Shift+S调出 "缩放" 属性, 设置 "缩放" 值为156.0,156.0,156.0%; 选择04.png图层, 按P键调出 "位置" 属性, 设置 "位置" 值为634.0,389.0,0.0, 按快捷键Shift+S调出 "缩放" 属性, 设置 "缩放" 值为22.0,22.0,22.0%, 调整参数如图15-9所示, 调整效果如图15-10所示。

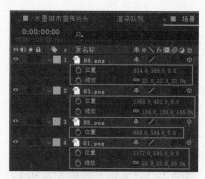

图15-9

图15-10

04 将"项目"面板中的05.png素材拖至"时间轴"面板中，按P键调出"位置"属性，设置"位置"值为1043.0,689.0,0.0,调整参数如图15-11所示，按快捷键Shift+S调出"缩放"属性，设置"缩放"值为95.0,95.0,95.0%，调整参数如图15-12所示，调整效果如图15-13所示。

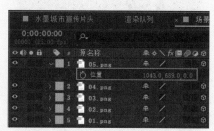

图15-11

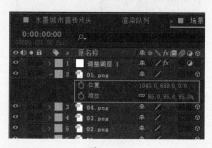

图15-12

图15-13

15.1.3　制作城市背景动画效果

　　背景元素添加完成后，还需要使用"曲线"工具进行调整，使整体颜色更协调。通过摄像机绑定空对象，调整空对象的位置，制作出镜头推拉的运动效果，最后添加 CC Snowfall 特效模拟下雪，制作效果如图 15-14 和图 15-15 所示。

图15-14

图15-15

01 在"时间轴"面板中右击，在弹出的快捷菜单中创建"调整图层1"，如图15-16所示。选择"调整图层1"，执行"效果"→"颜色校正"→"曲线"命令，打开"曲线"效果控件，选择"通道"为"绿色"，调整曲线形状如图15-17所示，曲线颜色调整效果如图15-18所示。

图15-16

图15-17

图15-18

02 选择"通道"为"蓝色"，调整曲线形状如图15-19所示，调整效果如图15-20所示。

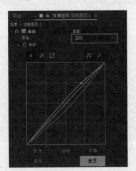

图15-19

图15-20

03 在"时间轴"面板中右击，在弹出的快捷菜

单中分别创建"空对象1"和"摄像机"，调整参数如图15-21所示。选择"摄像机1"，按住"父级关联器"按钮◎，将其链接至"空对象1"上，如图15-22所示。

图15-21

图15-22

04 选择"空对象1"，将时间轴移至0:00:00:00，按P键展开"位置"属性，设置"位置"值为960.0,500.0,850.0，单击"时间变化秒表"按钮◎，调整参数如图15-23所示，调整效果如图15-24所示。

图15-23

图15-24

05 选择"空对象1"图层，将时间轴移至0:00:07:24，按P键展开"位置"属性，设置"位置"值为960.0,540.0,0.0，调整参数如图

15-25所示，调整效果如图15-26所示。

图15-25

图15-26

06 选择04.png图层，将时间轴移至0:00:00:00，按P键展开"位置"属性，单击"时间变化秒表"按钮 ⏱，设置"位置"值为389.0,353.0,0.0，如图15-27所示，调整效果如图15-28所示。

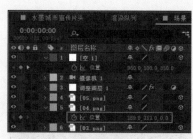

图15-27

图15-28

07 选择04.png图层，将时间轴移至0:00:07:24，按P键展开"位置"属性，设置"位置"值为696.0,216.0,0.0，然后调整04.png图层的移动

轨迹，调整参数如图15-29所示，调整效果如图15-30所示，制作太阳的移动动画效果。

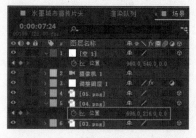

图15-29

图15-30

08 在"时间轴"面板中右击，在弹出的快捷菜单中创建"调整图层2"，如图15-31所示，选择"调整图层2"，执行"效果"→"模拟校正"→CC Snowfall命令。

图15-31

09 打开CC Snowfall效果控件，调整参数如图15-32所示，调整效果如图15-33所示。

图15-32

图15-33

15.1.4 制作烟雾粒子特效

添加 Particular 粒子效果，首先使用发射器绘制圆点，然后使用"风向"将其拉伸成一条直线，调整紊乱场来扭曲直线，制作出烟雾不规则的运动效果。展开"粒子"属性调整粒子类型，制作完成的烟雾粒子效果如图 15-34 和图 15-35 所示，完成第三段动画。

图15-34

图15-35

01 按快捷键Ctrl+Shift+C创建预合成，创建一个预设为HDTV 1080 25的合成，设置"持续时间"为0:00:08:00，并将其命名为"文字"，然后单击"确定"按钮，如图15-36所示。

02 在"文字"合成中单击"工具"面板中"直排文字"工具按钮▊，输入"北京"文字，调整效果如图15-37所示，设置"北京"文字参数如图15-38所示。

图15-36

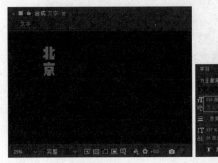

图15-37　　　　　　　图15-38

03 在"时间轴"面板中右击，在弹出的快捷菜单中新建"纯色2"图层，执行"效果"→RG Trapcode→Particular命令，调整效果如图15-39所示。

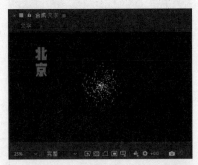

图15-39

04 打开Particular效果控件，展开"发射器"属性，设置"位置"值为960.0,881.0,0.0，设置"速度"值为0.0，如图15-40所示，调整效果如图15-41所示。

05 展开Air属性，设置"风向Y"值为−200.0，调整参数如图15-42所示，调整效果如图15-43所示。

图15-40

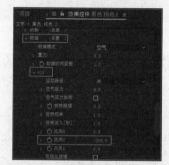

图15-41

图15-42

图15-43

06 展开"紊乱场"属性,设置"影响位置"值
   为500.0,"演变速度"值为10.0,调整参数
   如图15-44所示,调整效果如图15-45所示。

07 展开"粒子"属性,设置"生命[秒]"值为
   300.0,如图15-46所示,设置"粒子类型"值
   为"条状光线",如图15-47所示。

图15-44

图15-45

图15-46

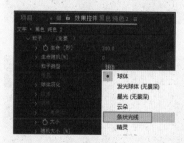

图15-47

08 展开"粒子"属性,设置"大小"值为70.0,
   "透明度"值为3.0,调整参数如图15-48所
   示,调整效果如图15-49所示。

图15-48

图15-49

15.1.5 制作文字烟雾动画

调整烟雾的生命期透明度，以达到渐渐消散的效果，然后为烟雾粒子图层添加 Alpha 遮罩，为烟雾粒子添加填充效果，再为烟雾填充颜色，最后复制一层文字图层，将其"不透明度"值设置为0，文字烟雾动画效果如图 15-50 和图 15-51 所示。

图15-50

图15-51

01 展开"紊乱场"属性，设置"淡出时间[秒]"值为3.0，调整参数如图15-52所示，调整效果如图15-53所示。

图15-52

02 展开"生命期大小"属性，单击PRESETS按钮，在弹出的菜单中选择第二个类型，如图

15-54所示。单击右下侧"方向"按钮，如图15-55所示，调整效果如图15-56所示。

图15-53

图15-54

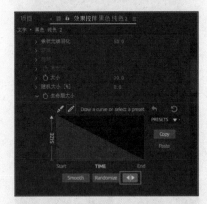

图15-55

图15-56

03 展开"生命期透明度"属性，单击右侧PRESETS按钮，在弹出的菜单中选择第三个

类型，如图15-57所示。

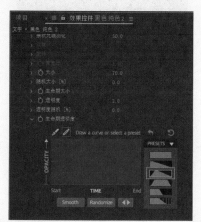

图15-57

04 选择"钢笔"工具 ，调整点位使其更加平
滑，调整后的曲线如图15-58所示，调整效果
如图15-59所示。

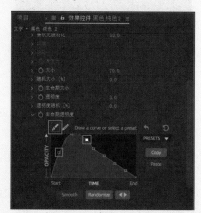

图15-58

图15-59

05 展开"紊乱场"属性，设置"倍频倍增器"
值为2.0，如图15-60所示，调整效果如图
15-61所示。

图15-60

图15-61

06 选择"纯色2"图层，按P键调出"位置"属
性，设置"位置"值为399.0,117.0，按快捷
键Shift+R调出"旋转"属性，设置"旋转"
值为0×-180.0°，如图15-62所示，调整效果
如图15-63所示，使烟雾效果与"北京"文字
重合。

图15-62

图15-63

07 选择"纯色2"图层，设置"轨道遮罩"为"Alpha 遮罩北京"，如图15-64所示，调整效果如图15-65所示。

图15-64

图15-65

08 选择"纯色2"图层，执行"效果"→"生成"→"填充"命令，将颜色设置为黄色，如图15-66所示。将时间轴移至0:00:14:10，设置"过渡完成"为0%，调整效果如图15-67所示。

图15-66

图15-67

09 选择"北京"文字按快捷键Ctrl+D复制"北京2"文字，如图15-68所示，调整效果如图15-69所示。

图15-68

图15-69

10 选择"北京2"图层，将时间轴移至0:00:03:00，按T键调出"不透明度"属性，设置"不透明度"值为0%，调整参数如图15-70所示。

图15-70

15.1.6　制作水墨渐隐动画

　　将水墨素材放入"时间轴"面板中，使用"钢笔"工具在场景合成中绘制蒙版，并创建关键帧，调整起始点和终点的位置，制作水墨渐隐动画效果，如图 15-71 和图 15-72 所示。

图15-71

图15-72

01 选择"北京2"图层，将时间轴移至0:00:05:00，设置"不透明度"值为100%，如图15-73所示，将项目面板中的"文字"和"场景"合成素材拖至"水墨城市宣传片头"合成中，如图15-74所示，调整效果如图15-75所示。

图15-73

图15-74

图15-75

02 将"项目"面板中的"水墨.mov"素材拖至"水墨城市宣传片头"的"时间轴"面板中，并单击"独奏"按钮，如图15-76所示，调整效果如图15-77所示。

图15-76

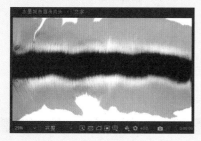

图15-77

03 选择"水墨.mov"图层，执行"效果"→"颜色校正"→"颜色平衡"命令，打开"颜色平衡"效果控件，设置"中间调红色平衡""中间调绿色平衡""中间调蓝色平衡"参数分别为-60.0、40.0、40.0，如图15-78所示，调整效果如图15-79所示。

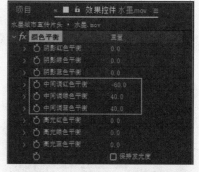

图15-78

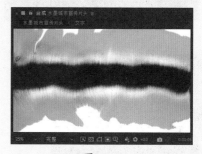

图15-79

04 选择"场景"合成，选择"工具"面板中"钢笔"工具，如图15-80所示。

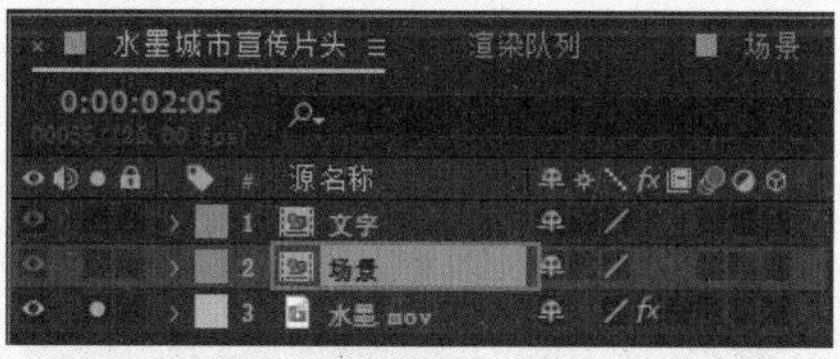

图15-80

05 使用"钢笔"工具绘制一个包住黑色波纹的蒙版，如图15-81所示。选择"场景"图层，将时间轴移至0:00:00:00，展开"蒙版路径"属性，单击"时间变化秒表"按钮，为"蒙版路径"创建关键帧，并将该"蒙版"移动出画面左侧外，如图15-82所示，调整效果如图15-83所示。

06 选择"场景"图层，将时间轴移至0:00:03:00，将蒙版移动至画面中，设置"蒙版羽化"值为60.0,60.0,如图15-84所示。调整效果如图15-85所示,调整最终效果如图15-86所示。

图15-81

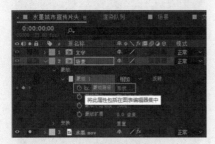
图15-82

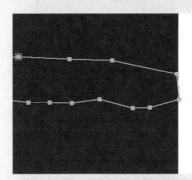
图15-83

图15-84

图15-85

图15-86

15.2 音频添加

01 将"项目"面板中的"音乐素材.wav"素材拖至"时间轴"面板,并展开其"音频电平"属性,如图15-87所示。

图15-87

02 将时间轴移至0:00:00:00,单击"音频电平"属性的"时间变化秒表"按钮 ,将时间轴移至0:00:07:15,设置"音频电平"值为-24.00dB,具体参数设置如图15-88所示。

图15-88

03 至此,本例动画制作完毕,按小键盘上的0键预览动画,效果如图15-89~图15-92所示。

图15-89

图15-90

图15-91

图15-92

15.3 影片输出

01 在"水墨城市宣传片头"合成中执行"合成"→"添加到渲染队列"命令，弹出"渲染队列"窗口，如图15-93所示。

02 单击"渲染设置"后面的"最佳设置"按钮，弹出"渲染设置"对话框，设置"品质"为"最佳"，"分辨率"为"完整"，

设置完成后单击"确定"按钮，如图15-94所示。

图15-93

图15-94

03 单击"输出模块"后面的"高品质"按钮，弹出"输出模块设置"对话框，设置"格式"为QuickTime，选中"视频输出"复选框，并设置"通道"为RGB，在对话框下方选中"自动音频输出"选项，最后单击"确定"按钮，具体参数设置如图15-95所示。

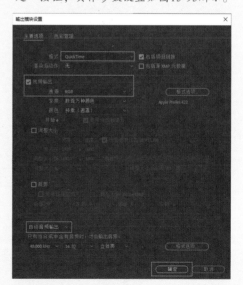

图15-95

04 单击"输出到："后面的"水墨城市宣传片头.mov"按钮，进入"将影片输出到："对话框，为其指定输出路径，然后设置"文件名"为"城市宣传片头"，"保存类型"为Quicktime（*.mov），最后单击"保存"按钮，如图15-96所示。

图15-96

05 设置完成后，在"渲染队列"窗口单击"渲染"按钮开始输出影片，如图15-97所示。

图15-97

15.4 本章小结

　　本章主要学习了水墨城市宣传片片头的制作方法，在制作过程中使用了三维图层、变换属性、曲线、CC Snowfall、Particular、轨道遮罩、填充、颜色平衡、蒙版运动等效果。水墨城市宣传片头需要尽量多使用一些与水墨风格相关的元素，这样制作出来的视频才能更具真实感。